MODERNO TRATADO DE PUESTA A TIERRA
JABALINAS ELECTROQUÍMICAS

JORGE SARMIENTO EDITOR - UNIVERSITAS

DANTE JAVIER PEDRAZA

MODERNO TRATADO DE PUESTA A TIERRA JABALINAS ELECTROQUÍMICAS

JORGE SARMIENTO EDITOR - UNIVERSITAS

CRÉDITOS DE LA PRESENTE EDICIÓN:

Diseño de Carátula: JORGE SARMIENTO
Diagramación y Diseño: EL AUTOR
Dibujos y Gráficos: EL AUTOR

El cuidado de la presente edición estuvo a cargo de

Jorge Sarmiento

Pedraza, Dante Javier
  Tratado de puestas a tierra : jabalinas electroquímicas / Dante Javier Pedraza. - 1a edición para el profesor - Córdoba : Universitas - Editorial Científica Universitaria, 2020.
  Libro digital, PDF

  Archivo Digital: online

  1. Electricidad. 2. Tecnología Química. I. Título.
  CDD 661

Obispo Trejo 1404. 2 "B". Bº Nueva Córdoba. (5000) Córdoba. Te: +54 9 351 3650681
Email: universitaslibros@yahoo.com.ar
Miembros de la Cámara Argentina del Libro y Calipacer

1ª edición (2017)

© (2017) Pedraza, Dante
© (2018) JORGE SARMIENTO EDITOR-UNIVERSITAS. EDITORIAL CIENTÍFICA UNIVERSITARIA

Distribución en el exterior: Editorial Brujas. Pje. España 1485. Córdoba. Argentina. Te: +54-351-4606044 y 4691616. Horario: lunes a viernes de 9 a 18 hs.
                              Email: publicaciones@editorialbrujas.com.ar - Web site: http://www:editorialbrujas.com.ar

Venta directa: Universitas. Obispo Trejo 1404. 2 "B". Te: +54 9 351 3650681. Email: universitaslibros@yahoo.com.ar - Córdoba. Argentina. Horario: de 10 a 20 hs.

INDICE

INTRODUCCIÓN

En el presente libro presento una investigación sobre los tipos de suelo con enfoques interdisciplinarios y las jabalinas existentes para puesta a tierra en el mercado. El estudio es principalmente para las jabalinas verticales de sección circular. Este trabajo trata sobre la interpretación del funcionamiento del suelo y la importancia que tiene un volumen de puesta a tierra acompañando a una instalación y/o estructura.

En la primera parte del libro se estudian los tipos de suelos, su composición y comportamiento, y en especial la jabalina vertical redonda entre otras aplicaciones y recomendaciones de uso e instalación.

En la segunda parte se estudia en detalle la jabalina electroquímica y los ensayos realizados solicitados por la norma IRAM. Damos las gracias al arquitecto Raúl Palla de la firma Landtec por la información suministrada, por su desarrollo de la jabalina electroquímica, fruto del trabajo de 20 años, del cual he tenido la posibilidad de participar en sus investigaciones y ensayos.

En la tercera parte se encuentran desarrolladas las fórmulas de la resistencia de las jabalinas enterradas tanto para la jabalina vertical redonda como para la jabalina electroquímica, que presentamos en cálculo accesible y como novedad.

En todo el libro se hace referencia a la reglamentación de las instalaciones eléctricas de la A.E.A., normas IRAM, y leyes y decretos nacionales relacionadas con la seguridad en el trabajo, la seguridad eléctrica y medioambiente.

También se ha agregado un capítulo de uso y medición con modernos telurímetros en forma práctica y con recomendaciones de las normas internacionales.

Por último, se ha agregado actividades para discutir y resolver en los capítulos, de manera que sirva de ayuda a estudiantes en general para investigar y ampliar su conocimiento sobre este tema tan importante.

Dante Javier Pedraza
Córdoba, 14 febrero 2016

PRIMERA PARTE
ESTUDIO DE SUELO Y JABALINA REDONDA VERTICAL

1
FUNCIÓN Y ALCANCE DE UNA PUESTA A TIERRA

Es importante expresar la función que debe cumplir una puesta a tierra en una instalación eléctrica. Debemos decir que es parte tan importante y fundamental de una instalación eléctrica como cualquiera de sus otros elementos que la forman tales como tableros, interruptores, fusibles, comandos, etc.

Para que una instalación eléctrica funcione correctamente desde el punto de vista de protecciones y seguridad, necesita una buena puesta a tierra. Y si se trata de una instalación eléctrica especial o dedicada como es la de computadoras, telecomunicaciones, equipamiento electromédico, etc., debe tener una puesta a tierra de calidad.

Una puesta a tierra de calidad es aquella que tiene un valor óhmico bajo o aceptable para su aplicación como es en la seguridad de las personas, animales, bienes y medio ambiente, y además tiene alta capacidad de absorción de corriente y muy baja impedancia en el espectro de frecuencia.

Estos requerimientos son fundamentales para el incremento actual de polución eléctrica en líneas eléctricas y las interferencias por aire, los cuales deben ser eliminados al plano de tierra.

El plano de tierra siempre es el centro de referencia de nuestro potencial, pues sobre el estamos parado y a partir de allí se lo toma como potencial "cero voltio".

Tanto los centros de generación de electricidad como las descargas atmosféricas cierran sus circuitos en el plano de tierra.

La puesta a tierra debe tener alta capacidad de transportar electricidad en diferentes circunstancias según detallamos a continuación:

1) Proporcionar una impedancia suficientemente baja para facilitar la operación satisfactoria de las protecciones en condiciones de falla.

2) Circuito de retorno de corrientes eléctricas en una instalación como es en el caso de pérdidas de corrientes que deben ser despejadas según su magnitud y duración por el disyuntor diferencial del circuito o tablero en cuestión.

3) Mantener los voltajes del sistema dentro de límites razonables (tensión de seguridad) bajo condiciones de falla o minimizarlos (tales como descarga atmosférica, ondas de maniobra o contacto inadvertido con sistemas de voltaje mayor), y asegurar que no se excedan los voltajes de ruptura dieléctrica de las aislaciones ni arcos voltaicos entre puntos de diferente potencial eléctrico.

4) Disipar corrientes eléctricas hacia el seno de la tierra, provenientes de una descarga atmosférica como un rayo, cuya disrupción del aire provoca una circulación de corriente entre las nubes y el plano de la tierra.

5) Disipar corrientes eléctricas hacia el seno de la tierra proveniente de un transitorio de la línea eléctrica como puede ser una maniobra de conmutación de la compañía prestataria local de energía, o la derivación que provocan en forma permanentemente los filtros de línea y protectores de sobretensión en sus diferentes versiones cuando trabajan en modo común (o sea, de todos los conductores activos hacia tierra).

6) Limitar el voltaje a tierra sobre materiales conductivos que circundan conductores o equipos eléctricos para asegurar que los seres vivos presentes en la vecindad no queden expuestos a potenciales inseguros, en régimen permanente o en condiciones de falla.

7) Polo eléctrico como es el caso de las antenas con su plano de tierra en las telecomunicaciones.

8) Proporcionar una plataforma equipotencial sobre la cual puedan operar los circuitos electrónicos de complejidad media y alta donde deben permanentemente eliminar ruidos e interferencia de origen EMI y RF.

9) Ejemplo de ello son las redes de computación, telefonía, electromedicina, automatización industrial, sistemas de seguridad, etc.

10) Estabilizar los voltajes fase a tierra en líneas eléctricas bajo condiciones de régimen permanente, por ejemplo, disipando cargas electrostáticas que se han generado debido a nubes, polvo, agua, nieve, entre otros.

11) Una vez definido el régimen de neutro adoptado según el país, monitorear la aislación del sistema de suministro de potencia, determinar las características de las protecciones y eliminar fallas a tierra con arco eléctrico persistente.

12) Asegurar que una falla que se desarrolla entre los bobinados de alto y bajo voltaje de un transformador, pueda ser manejada por la protección primaria.

13) Realizar descarga continua de corriente estática para prevención de riesgo de fuego y explosión como en ambiente de químicos volátiles, fábricas de papeles, etc.

El análisis de cada uno de los casos mencionados es distinto entre si. Aquí depende de la amplitud y frecuencia de cada evento, espacio y volumen a cubrir, y el tiempo necesario.

La puesta a tierra como cumple también la función de proteger a las personas, animales, bienes y medio ambiente como indican las normas siempre de forma *"permanente y constante"*, es por ello que no se debe seccionar nunca con ningún elemento de corte (no utilizar seccionador, ni fusible, ni disyuntor, etc.), y jamás debe circular corriente permanente por ella. Por la puesta a tierra no debe circulan nunca corriente de la frecuencia industrial (50 Hz o 60 Hz) salvo en el caso de despejar una falla o transitorio como se indicó arriba. Si debe ser permanente la eliminación de ruido que es de frecuencia media – alta y muy baja amplitud (miliamperes) y estática.

El caso más desfavorable de todos es el rayo, pues en él coinciden valores de gran amplitud de corriente en el orden de los KA, y de altísima frecuencia que el hombre no puede manejar. Y que para este caso el valor óhmico de la puesta a tierra debe ser *"el más bajo posible"*, y así evitar el efecto Joule y el arco a las estructuras, bienes y sobre todo a las personas, pudiendo causar incendios y muertes.

El otro aspecto fundamental a considerar es la degradación que sufren las puestas a tierra en el tiempo por diversos agentes que terminan elevando el valor de la puesta a tierra por la corrosión de la misma.

La degradación de las puestas a tierra se debe principalmente a:

a) Circulación de corriente por la misma ya sea permanente (DC o AC) o impulsiva (transitorio o rayo)

b) Lixiviación o efecto del agua proveniente de lluvias, desagües, humedad, napas freáticas emergentes, etc. que favorecen rápidamente su corrosión.

c) La acción del par galvánico con otros metales cercanos, como lo es el *Cu* con el *Fe*.

d) La electrólisis del suelo por el cual circulan corrientes electrolíticas en forma casi permanente debido a las distintas sales existentes en él.

e) La agresividad o ataque químico del suelo debida fundamentalmente a la existencia de sulfatos solubles, y en menor grado sulfuros y cloruros, los cuales invaden por filtración, capilaridad y reacción electrolítica todo tipo de terreno, estratos o napas, aun hasta los cimientos causando la degradación, erosión y disgregación de todos los elementos a su paso, en especial los metales que duran muy poco tiempo. También aparecen asociados a instalaciones industriales, deshechos, aguas fecales o subproductos de cualquier tipo acumulados de forma incontrolada.

f) Agentes biológicos, entre los diferentes organismos que se comportan agresivamente encontramos las baterías ferroginosas y las tiobacterias, produciendo alteraciones o reaccionando con el agua formando sulfatos o ácido sulfúrico

g) Comportamiento térmico debido a las variaciones anuales de temperatura, a la zona climática donde se encuentra ubicada, al régimen de la corriente circulante (efecto Joule).

Todas estas acciones provocan la degradación del elemento metálico en cuestión, normalmente *Cu* o *Fe*, es decir, su oxidación y por ende el aumento de su impedancia, trayendo como consecuencia el incremento de su valor óhmico, acortando su vida útil y poniendo en riesgo las instalaciones completas y las personas.

De lo anteriormente expuesto, resulta claro a priori, ya que lo analizaremos en profundidad, que el sistema de puesta a tierra o su interconexión o interfase, es un subsistema muy importante y no debe ser tratado superficialmente o ignorado.

Tampoco se debe tratar en forma genérica o aplicar superficialmente las normas correspondientes ya que esto traerá daño a los equipamientos o a la seguridad de las personas. Con el incremento de la microelectrónica y la polución eléctrica, la descarga a tierra debe ser considerada como una función vital y por lo tanto diseñada para cada sitio o sistema eléctrico – electrónico en particular.

La velocidad de repuesta de nuestro sistema electro–electrónico depende de nuestro sistema de tierra. La sinergia de nuestro emprendimiento está sostenida por la puesta a tierra.

Se debe asegurar la resistencia mecánica y la resistencia a la corrosión del sistema de puesta a tierra para garantizar su duración.

La puesta a tierra, desde un punto de vista térmico, debe resistir la máxima corriente de falla a tierra (normalmente obtenida de cálculo: valor de la corriente de falla y duración de la misma).

Por último, debemos trabajar en hacer conciencia de la importancia que tiene realizar periódicamente, como recomiendan las normas, "el mantenimiento de la puesta a tierra". Es fundamental para prolongar su vida útil y cumplir tan vitales funciones.

El desarrollo del texto se hará para la jabalina redonda vertical (JRV), que es la más usada, pero es equivalente para cualquier otro tipo de electrodo, como señala la norma.

DIFERENCIA ENTRE REFERENCIA DE TIERRA Y DE MASA

Los conceptos de tierra y masa son usados en los campos de la electricidad y electrónica. No indican exactamente la misma referencia.

El término referencia de "tierra", como su nombre indica, se refiere al potencial de la superficie de la Tierra por el cual no circula corriente.

Términos utilizados como sinónimos para tierra: conductor de protección, puesta a tierra, tierra de protección, tierra de equipamiento, tierra de estación.

La definición clásica de masa (en inglés americano "ground" de donde viene la abreviación GND, "earth" en inglés del UK) es un punto que servirá como referencia de tensiones en un circuito (0 voltios) como puede ser el negativo de una fuente o el neutro de un sistema de alterna por el cual circula corriente continua y/o alterna.

La masa puede o no estar vinculada a la puesta a tierra, dependerá de la aplicación o de la necesidad.

Términos utilizados como sinónimos para masa: red equipotencial, conductor neutro, masa de conexión, referencia de señal, masa de señal, tierra de medida, 0 V, conductor de referencia.

Figura nº 1 Símbolo de tierra a la izquierda y de masa a la derecha

Los conductores de tierra sólo conducen corriente en caso de fallo, los conductores de masa conducen la corriente en servicio y con frecuencia representan el conductor de retorno de varios circuitos de señal.

Advertencias: Nunca seccione el cable de la puesta a tierra (desprotección total)

Nunca desconecte una puesta a tierra con la mano (riesgo de electrocución)

No debe circular corriente por la tierra de forma permanente (degradación de la misma)

Actividad

Temario propuesto para debate y resolución

1) ¿Cuál es la función de una puesta a tierra?

2) ¿Cuáles son las diferentes funciones para lo cual se utiliza la puesta a tierra?

3) Defina "masa" y para que se la utiliza.

4) ¿Porque se degrada una puesta a tierra y que tipos de degradación sufre?

5) ¿Qué diferencia hay entre masa y tierra?

6) ¿Los símbolos de masa y tierra son iguales? ¿Qué norma los especifica?

7) ¿Se coloca protección de corte en circuito de tierra?

8) ¿Se coloca protección de corte en circuito de masa?

9) Investigue normas y reglamentaciones sobre sistema de puesta a tierra vigentes.

10) ¿Cuáles son las especificaciones técnicas de la puesta a tierra de la acometida según los requerimientos de la compañía proveedora de energía de su ciudad?

2
ASPECTOS GEOTÉCNICOS DE UNA PUESTA A TIERRA

El aspecto principal para el buen funcionamiento de una puesta a tierra es el comportamiento del suelo ante el fenómeno eléctrico, para ello debemos analizar su conformación y su comportamiento.

El traspaso de la corriente por una sección del terreno nos dará una densidad de corriente. Aquí se pueden analizar dos aspectos principales influyentes, el geotécnico o geomorfológico de conformación de suelos, y el geoeléctrico o comportamiento electrofisiológico de dicho suelo.

ANÁLISIS GEOMORFOLÓGICO Y GEOFÍSICO

Analizaremos estos dos aspectos, veamos:

1)   La resistividad de dicho terreno o suelo, o su inversa, la conductibilidad del terreno

2)   La consistencia y/o conformación del suelo según su profundidad, o sea granulometría y composición del suelo que condiciona el primer punto.

En general se acepta que la tierra tiene una capacidad de conducir corriente, gracias a su conductividad natural *"σ"* medida en Siemens/metro como se usa en geología y geofísica, o resistividad *"ρ"* en Ohm.metro como se usa en ingeniería y electrotécnica. Pero también tiene comportamiento inductivo y capacitivo, dependiendo del tipo de suelo, su granulometría y la frecuencia de la corriente eléctrica circulante, de muy difícil determinación y/o medición rigurosa.

Las propiedades geotécnicas del material rocoso y su masa son: para el material la variedad de la roca, las dimensiones del grano, la resistencia mecánica, la relación de poros, la densidad, la velocidad del sonido, la permeabilidad primaria, y para la masa las discontinuidades como estratificación, fracturas, brecha de fallas, y discontinuidades aisladas. La dificultad se presenta gracias a esta complejidad del terreno.

Analizaremos por un lado la granulometría, por otro lado la anisotropía, luego la estratificación o capas del terreno en cuestión, y por último los modernos terrenos compactados.

1) La **granulometría** o textura del suelo es quien determina la resistividad de la tierra o de las rocas, ya que depende sobre todo del tamaño de las partículas que las componen, de la proporción de materiales solubles, de su grado de humedad, y de su grado de aireación. Todo esto hace que el terreno no sea homogéneo y/o compacto.

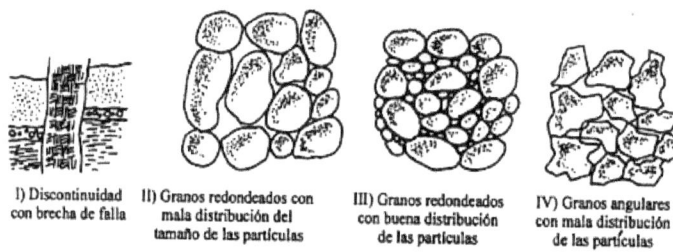

I) Discontinuidad con brecha de falla   II) Granos redondeados con mala distribución del tamaño de las partículas   III) Granos redondeados con buena distribución de las partículas   IV) Granos angulares con mala distribución de las partículas

Figura nº 2 Discontinuidades en capas y rocas

El suelo se compone principalmente de óxidos de silicio y de aluminio en un 95% que son buenos aislantes. En cuanto al tamaño de sus gránulos, cuanto mayor es, mayor es la resistividad de ese suelo. Respecto de los materiales solubles como son las sales existentes en el suelo disueltas en el agua, éstas están inmersas entre los gránulos y bajan considerablemente la resistividad. El peor de los casos es el aire contenido en el espacio intersticial de los gránulos que produce un considerable aumento de la resistividad del terreno, factor sumamente importante a la hora de realizar el implante de un electrodo, ya que de ello depende el valor óhmico conseguido y su vida útil.

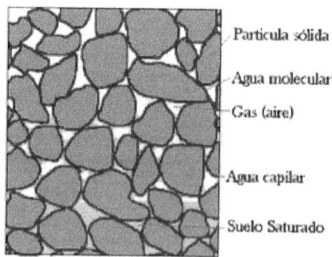

Partícula sólida
Agua molecular
Gas (aire)
Agua capilar
Suelo Saturado

Figura nº 3 Gránulos con espacios intersticiales

2) La **anisotropía** (opuesta de isotropía) es la propiedad general que presenta el suelo según su composición y por ende determinadas propiedades físicas, tales como: elasticidad, temperatura, conductividad, ve-

locidad de propagación, etc., que varían según la dirección en que son medidas. El suelo isotrópico debido a su desorden en la composición en todos los sentidos, le permite obtener la misma parametrización mecánica y eléctrica en todas las direcciones. El suelo *anisótropo* podrá presentar diferentes valores de las variables mencionadas según la dirección en que se las analice, ya que presenta una cierta ordenación de las formas de las rocas en algunos sentidos. El cociente entre las resistividades en direcciones opuestas nos permitirá saber el coeficiente de microscopía o grado de anisotropía que presenta el terreno.

$$\lambda = \sqrt{\frac{\rho_1}{\rho_2}}$$

Esta dispersión de la isotropía es más notable en suelos muy estratificados y suelos rellenados. Las normas nos piden que midamos la resistividad del suelo y posteriormente la resistencia del electrodo implantado en varios direcciones y perpendiculares entre sí, y considerar el valor más alto obtenido como el "real", aplicando el método de medición adecuado.

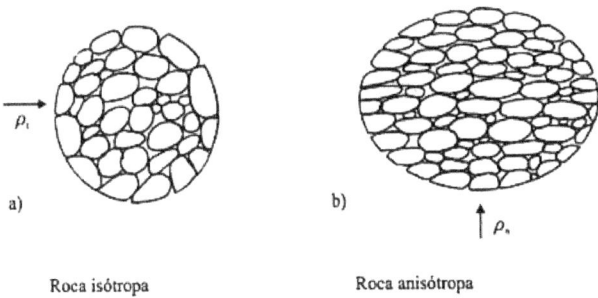

Roca isótropa   Roca anisótropa

Figura n° 4. Anisotropía de las rocas alargadas

3) La **estratificación** nos permite conocer las capas que se han depositado a lo largo del tiempo y son paralelas a la superficie aproximadamente. Estas capas son conocidas como "horizonte" en geología y tienen propiedades edáficas diferentes entre sí (propiedades físicas, químicas y composición) y diferente espesor. Dependiendo de su nivel edáfico será su valor óhmico y puede ser muy variable entre las distintas capas.

En la figura n° 5 podemos apreciar como a medida que la jabalina es más larga, se introduce más en el terreno y atraviesa capas de distinta resistividad. Las dos primeras jabalinas llegan a terreno bastante firme y uniforme de resistividad. La tercera jabalina llega a un estrato de arena y hace un efecto negativo en la resistividad, la aumenta. La cuarta jabalina llega a una capa arcillosa y baja de nuevo la resistividad.

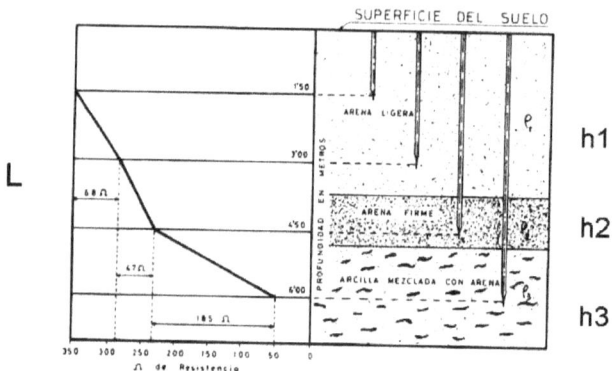

Figura nº 5. Variación de la resistividad en función de la profundidad y distintas capas

Figura nº 6. Muestra de estratos

Figura nº 7. Oscilación de capa freática en suelo con acumulaciones de Fe

Figura nº 8. Enriquecimiento de carbonato de calcio en los estratos

Para nuestra aplicación, nos interesan las capas superficiales entre 3 metros y máximo 10 metros aproximadamente. Mayor profundidad a partir de los 3 metros pierde rendimiento el electrodo implantado, y no es lineal la relación costo – beneficio en función de la profundidad implantada. Es decir, no es proporcional que al doble de profundidad, obtenemos la mitad del valor de resistencia. En ese sentido son más efectivos los electrodos cortos y en paralelo con las consideraciones correspondientes de instalación. En el apéndice A analizaremos el perfil de la resistividad del suelo en función de las capas y profundidad.

4)   **Compactación y rellenado**. Por último, agregamos el gran inconveniente de los suelos rellenados como los existentes en las ciudades. Pues la mayoría de las aplicaciones de las jabalinas se dan en las ciudades. Aquí nos encontramos con deshechos de todo tipo (algunos degradables y otros no) mezclados en el suelo y a medias compactado, demoliciones cimientos escombros, ductos y cañerías en uso y/o desuso, etc., que son los que dificultan la elección del lugar de implante de nuestras jabalinas y generan el problema técnico – económico de lograr los valores óhmicos necesarios con el mejor costo. La resistividad del terreno es inversamente proporcional a la compactación que sufre, es decir, a mayor compactación, menor resistividad, pues hay menos aire en los espacios intersticiales.

Un aspecto edafológico importante es la queluviación o eluviación de compuestos orgánicos – metálicos que se van depositando en los terrenos rellenados de clima frió y presentarán distintas características si son terrenos de clima cálido, al cual se denomina podsolización. En este último trabaja mucho más la humedad y descomposición orgánica que en el anterior donde predomina la acción oxidante.

Existe numerosa bibliografía sobre los tipos de suelos y su resistividad. Las normas contienen tablas y un mapa *"orientativo"* de los valores de resistividad de las distintas regiones de nuestro país. Pero para cada caso puntual se debe analizar y estudiar según los factores anteriormente explicados que son los que afectan a nuestra jabalina.

Figura nº 9. Suelo rellenado

Tenemos que dejar claro que el suelo es totalmente dinámico por su naturaleza y vida propia (movimientos naturales del suelo y fenómenos físicos – químicos - biológicos), y por la intervención del hombre que lo modifica constantemente.

El estudio de los distintos tipos de suelo nos permite entender la evolución de la tecnología de las puestas a tierras.

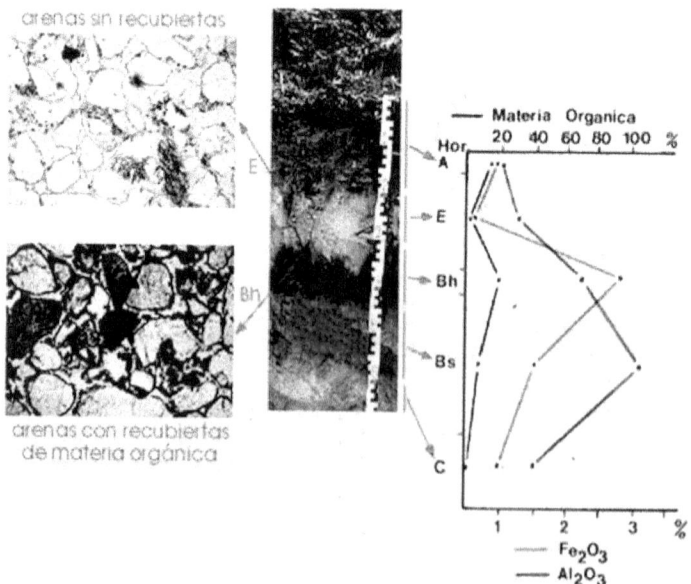

Figura nº 10. Muestra de queluviacion

En la tabla n° 1 damos los valores orientativos límites y promedios para los tipos más comunes de suelos en función de su granulometría. Además hemos agregado agua, concreto, y asfalto como valores de referencia que se pueden observar en la tabla n° 2.

TABLA N° 1. Resistividad típica de suelos

Tipo de suelo	Resistividad Valores límites	Ω.m valor medio	Tamaño aproximado mm
Tierra vegetal/arcilla húmeda	5 – 50	30	< 0.002
Pantanoso	5 – 50	30	< 0.002
Creta (tiza) porosa	30 – 100	60	
Greda – arcilloso - grava	20 – 200	100	0.05 a 0.002
Arena húmeda	200 – 600	400	
Arena seca	500 – 3000	1500	2.0 a 0.05
Arena arcillosa	40 – 300	200	
Ripioso	300 – 8000	3000	mm a cm
Rocoso – granito	$2000 - 10^{15}$		
Turba, tierra fangosa y tierra cultivada	50 – 250	100	
Piedra caliza cristalina		300	

Debido a la amplia variación de los valores de resistividad del suelo, es que se han intentado hacer clasificaciones de terreno en base a una calidad conductiva. De acuerdo a ACIEM 1998 clasifica en:

- Clase A, terrenos arcillosos, suelos blandos y ácidos con acción corrosiva alta, de baja resistividad entre 50 a 200 Ω.m

- Clase B, terrenos arenosos, suelos secos y fácil de trabajar, de resistividad media entre 500 y 1.000 Ω.m

- Clase C, terrenos rocosos, de rocas duras y alta resistividad, que va desde los 1.000 a 10.000 Ω.m

TABLA N° 2 Resistividad típica de concretos y aguas

Tipo de suelo	Resistividad Valores límites	Ω.m valor medio	Tamaño aproximado mm
Asfalto seco	$2.10^6 - 30.10^6$		
Asfalto mojado	$10^4 - 6.10^6$		
Concreto seco	1200 – 28000		
Concreto mojado	21 – 100		
Agua de los océanos	0,1 – 5		
Agua de pozos y fuentes	150		
Agua de lagos y ríos	400		
Agua de lluvia	1.300		
Agua destilada comercial	4.000		
Glaciar / hielo	10.000 – 100.000		
Permafrost	40.000 – 60.000		

Se observa claramente en la tabla n° 1 que cuanto menor es el tamaño de la partícula, más humedad contiene y más sales minerales disueltas tiene, mejor es la conductividad del suelo. De forma similar en la tabla n° 2 para el agua, asfalto y concreto. También observamos que el agua congelada es muy mala conductora, mientras que el concreto tiene un buen comportamiento conductivo.

Un ejemplo sería la ciudad de Córdoba, Argentina, que tiene registrado estadísticamente un valor promedio de 100 Ω.m en la provincia, excepto en las sierras donde alcanza los 300 Ω.m. En la ciudad es muy dispar el valor y oscila entre estos dos valores. La acción del hombre hace que estos tipos de suelos se encuentren normalmente mezclados.

ANÁLISIS GEOELECTROFISIOLÓGICO

En cuanto a las propiedades geomagnetoeléctricas del suelo, se consideran las propiedades magnéticas y eléctricas generales como son la susceptibilidad magnética y eléctrica, permeabilidad magnética, polarización magnética y eléctrica, potenciales eléctricos, constante dieléctrica, conductibilidad dieléctrica o resistividad. Los aspectos trascendentes para una puesta a tierra son: conductibilidad eléctrica, potenciales eléctricos, constante eléctrica, permitividad y permeabilidad, es decir los aspectos eléctricos. El comportamiento magnético es despreciable para nuestra puesta a tierra, salvo que nos toque un suelo altamente magnético, es decir, con magnetita, pirita, cuarzo, etc.

La corriente que circulará por el terreno dependerá de la resistividad (corrientes de conducción) y de la permitividad (corrientes de desplazamiento) de este terreno.

En el comportamiento de la puesta a tierra predomina el efecto de conducción para intensidades de bajas frecuencias (próximas a la de operación), mientras que es necesario considerar las corrientes de desplazamiento cuando las corrientes son de alta frecuencia (entre 100 KHz y varios MHz).

Haremos una descripción de estas propiedades eléctricas del suelo.

1. Los **potenciales eléctricos**, no existen sólo los producidos por el hombre o potenciales eléctricos artificiales debido a las corrientes deseadas o indeseadas introducidas en el suelo. Pues hay potenciales eléctricos naturales generados por las rocas en forma aleatoria y están asociados a la actividad química, mecánica (como la piezoeléctrica) y electrocinética en menor grado del terreno. Los potenciales mecánicos son originados por contacto geológico de distintas capas o tipos de rocas y la presión entre ellas. En cuanto a los potenciales químicos estos son debidos a los diversos minerales existentes, actividad bioeléctrica de materiales orgánicos, corrosión, gradientes térmicos, presión entre fluidos subterráneos, etc., como referencia damos citamos el conocido potencial de Nernst y el mineralización. La tropósfera también genera potenciales electrostáticos y electrocinéticos contra la litósfera.

Lo curioso del caso es que este potencial eléctrico (sumatoria de todos los potenciales nombrados) puede alcanzar el valor de varios voltios dependiendo de la longitud del terreno y de la altitud del mismo. Esta gradiente de potencial no afecta a la resistividad del suelo hasta que alcanza un cierto valor crítico (que puede alcanzar unos KV/cm) lo que origina la formación de pequeñas áreas eléctricas en el suelo que hacen que la jabalina se comporte como si fuera de mayor tamaño.

2. La **conductibilidad eléctrica** o su inversa la resistividad eléctrica del suelo es la propiedad de oponerse los cuerpos al traspaso de la corriente eléctrica. En la nomenclatura internacional se usa la letra griega Rho (ρ). La resistividad eléctrica ρ de cualquier sustancia se determina por la resistencia que se obtiene de un metro cúbico de dicha sustancia, tomado en forma de cubo, a la corriente eléctrica que atraviesa perpendicularmente a una de sus aristas.

$$Rho(\rho) = \frac{\Omega \cdot m^2}{m}$$

Se mide como ya vimos en *Ohm·m*. Entonces se tiene que:

$$R = \frac{\rho \cdot L}{A} \text{ ó } \rho = \frac{R \cdot A}{L}$$

Donde R es la resistencia medida entre las caras del cubo, L es la longitud de la muestra (del cubo) (o L^2, A el área, y ρ es la resistividad de la muestra del suelo, supuestamente homogéneo.

La corriente que se propaga en un cubo de tierra del suelo lo hace mediante tres mecanismos de conducción: electrónico, electrolítico y dieléctrico.

La conducción electrónica es mediante electrones libre que contienen los metales, conducción metálica, que se encuentran en el suelo. La conducción electrolítica se realiza a través del transporte de iones o conducción iónica (aniones y cationes) generalmente en un medio acuoso.

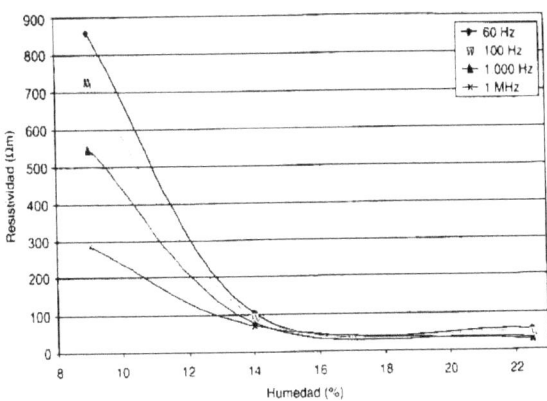

Figura nº 11 Variación de la resistividad del suelo respecto de la humedad para distintas frecuencias

La resistividad ρ es básicamente independiente de la frecuencia de la corriente, pero está influida por factores tales como la humedad, la resistividad de los minerales que forman la fracción sólida, la resistividad de los líquidos y gases que rellenan los poros de la fracción sólida, la porosidad, la salinidad, la superficie de separación de la fase líquida con la fase sólida, la temperatura, o la textura.

En suelos muy secos como son los desiertos, de muy baja humedad, donde predomina la estática, podemos observar en la curva como varia la resistividad a distintas frecuencias.

3. La **permitividad eléctrica** relativa o conducción dieléctrica es debida a las corrientes de desplazamiento que sucede en los aislantes, donde el campo eléctrico polariza en este caso la roca con cargas negativas y positivas según su dirección. La polarización iónica y molecular puede ocurrir en materiales con enlaces iónicos y moleculares. El agua y los hidrocarburos son los únicos materiales comunes que muestran polarización molecular.

La permitividad relativa ε_r se mide en (F/m) y es referida respecto a la permitividad absoluta del vacío

$$\varepsilon_0 = 8,85 \times 10^{-9} \frac{F}{m}$$

Esta influye en el fenómeno de dispersión de la corriente eléctrica cuando la frecuencia de la corriente es superior a los 100 kHz.

En la mayor parte de los minerales que forman el terreno, la permitividad relativa está entre 3 y 10, llegando raramente a valores de 25.

La humedad es un factor importante debido al elevado valor de la permitividad relativa del agua.

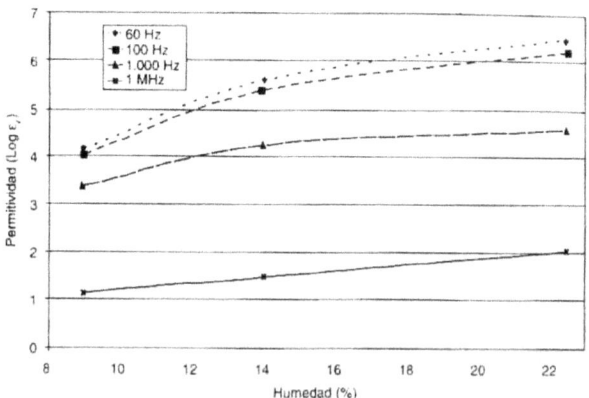

Figura nº 12 Variación de la permitividad con la humedad a diferentes frecuencias

4. La **constante dieléctrica** tiene lugar a través de las corrientes de desplazamiento en muchas rocas. La constante dieléctrica se representa mediante la letra K y se la llama también capacidad inductiva específica del medio. La constante dieléctrica es proporcional al grado de pola-

rización e inversamente proporcional a la frecuencia. Los valores obtenidos son dispares para distintas rocas y variables para la frecuencia que se utiliza.

5. La **permeabilidad magnética** relativa (μ_r) se comporta isotrópicamente respecto de los materiales componentes del suelo en todas las direcciones. La permeabilidad relativa se mide en (H/m) y es referida a la permeabilidad absoluta del Vacío

$$\mu_0 = 0,4\pi \times 10^{-6}$$

Las corrientes eléctricas, independientemente de su origen natural o artificial, circulan a través de la corteza de la tierra en una capa superficial de profundidad aproximadamente unos 20 km. Esto es independiente si es tierra montaña o mar (recordemos que este contiene un alto grado de salinidad).

Las magnitudes aplicables en ingeniería de puesta a tierra son la resistividad, la constante dieléctrica y la permeabilidad, y según la clase de corriente es el predominio de ellas. Por ejemplo en corriente continua o de baja frecuencia como la industrial, predomina la resistividad óhmica en cambio en alta frecuencia o corriente impulsiva aparecen las tres variables ya que se da una conductividad compleja.

El comportamiento de los parámetros del terreno (σ, ε, μ) frente a corrientes de alta frecuencia se puede resumir como sigue:

- La resistividad (ρ) decrece aproximadamente a la mitad cuando la frecuencia aumenta de 100 Hz a 2 MHz

- La permitividad relativa (ε_r) decrece de 105 a 10 en el mismo rango de frecuencias

- La permeabilidad magnética (μ) es independiente de la frecuencia y similar a la del aire

$$\mu_0 = 4\pi \times 10^{-7} \frac{H}{m}$$

6. Penetración y dispersión de las ondas en el suelo

El grado en que las capas inferiores influyen en las características eléctricas efectivas depende de la profundidad de penetración de la energía radioeléctrica, δ, que se define como la profundidad a la cual la onda queda atenuada a 1/e (ó 37%) de su valor en la superficie. En la figura n° 14 se muestra la profundidad de penetración en función de la frecuencia para diferentes tipos de terrenos y aguas.

Si la profundidad de penetración, δ, es menor que el espesor de la capa, los estratos subyacentes tienen escasa influencia. Si δ es mucho mayor que el espesor de la capa superior, la propagación viene determinada por las características eléctricas de los estratos inferiores.

Permitividad relativa, ε_r, y conductividad, σ, en función de la frecuencia

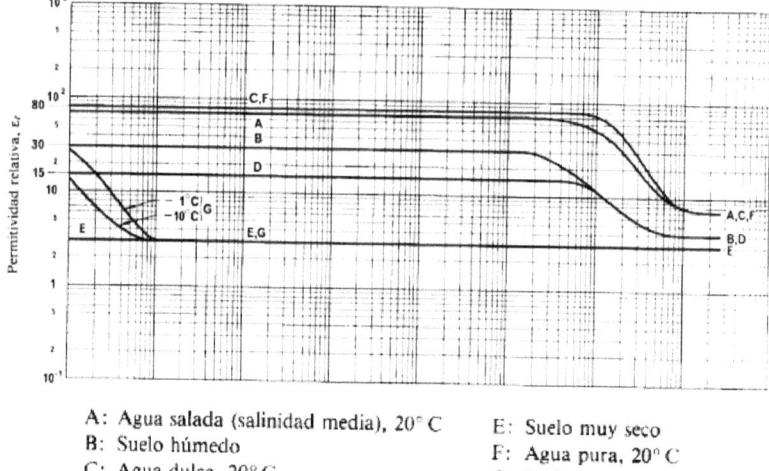

A: Agua salada (salinidad media), 20° C
B: Suelo húmedo
C: Agua dulce, 20° C
D: Suelo moderadamente seco

E: Suelo muy seco
F: Agua pura, 20° C
G: Hielo (agua dulce)

Figura n° 13 - A

En la figura n° 13 – A se muestra la variación de la permitividad relativa y la conductividad en función de la frecuencia en MHz en escala logarítmica para distintos suelos y aguas.

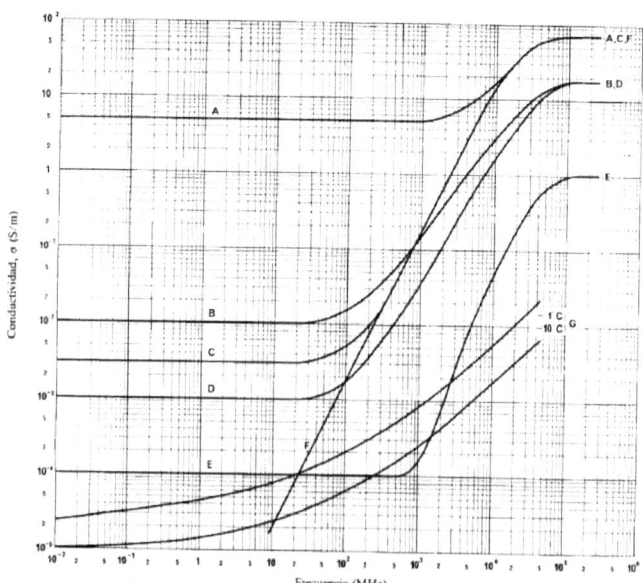

Figura n° 13 – B Permitividad relativa y conductividad en función de la frecuencia

La figura n° 13 – B muestra que en las frecuencias más bajas, exceptuado el caso del agua de mar, hay que tener en cuenta los estratos de hasta 100 metros de profundidad o más. Este hecho tiene especial importancia cuando la conductividad de los estratos superiores es más baja y la energía puede, por tanto, penetrar más fácilmente en las capas inferiores. Tales casos se dan, por ejemplo, en regiones lacustres y oceánicas cubiertas de hielo.

Profundidad de penetración, δ, en función de la frecuencia

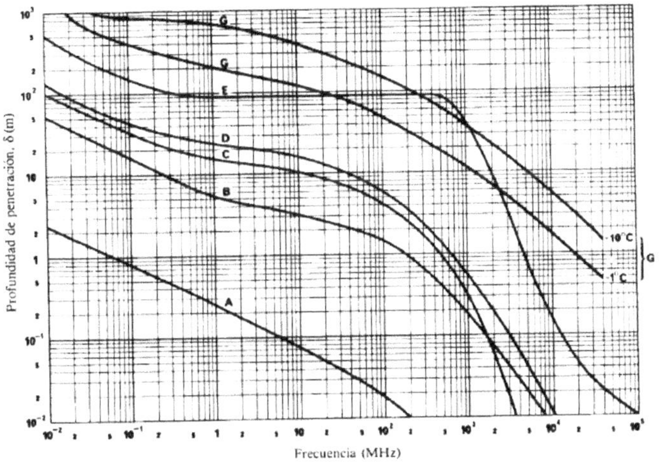

A: Agua salada
B: Suelo húmedo
C: Agua dulce

D: Suelo moderadamente seco
E: Suelo muy seco
G: Hielo (agua dulce)

Figura n° 14 Profundidad de penetración en función de la frecuencia

La energía radioeléctrica recibida en un punto no se propaga únicamente por el trayecto directo desde el transmisor, sino también por un gran número de trayectos indirectos distribuidos a cada lado del mismo. Por tanto, es necesario tener en cuenta las características eléctricas, no sólo en el propio trayecto, sino también en la zona cubierta por la dispersión lateral de la onda. No se pueden establecer límites definidos para esta zona, pero se ha sugerido que se trata de hecho de la primera zona de semionda Fresnel.

FUNCIONAMIENTO ELECTROFISIOLÓGICO DEL SUELO

Por ultimo agregamos factores que afectan el funcionamiento electrofisiológico del suelo.

Sales solubles

La resistividad del suelo es determinada principalmente por su cantidad de electrolitos; éste es, por la cantidad de humedad, minerales y sales disueltas. Como ejemplo, para valores de 1% (por peso) de sal (NaCl) o mayores, la resistividad es prácticamente la misma, pero, para valores menores de esa cantidad, la resistividad es muy alta. Se suelen usar sales metálicas, minerales ácidos e hidróxidos. La curva decrece exponencialmente a partir de 10% en peso cuando la solución es superior como podemos observar en el gráfico de la figura n° 15.

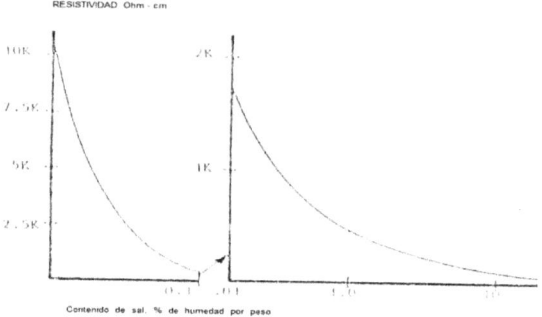

Figura n° 15. Influencia de la sal en la resistividad

Estado higrométrico

El contenido de agua y la humedad influyen en forma apreciable. Su valor varía con el clima, época del año, profundidad y el nivel freático. Como ejemplo, la resistividad del suelo se eleva considerablemente cuando el contenido de humedad se reduce a menos del 15% del peso de éste. Pero, un mayor contenido de humedad del 15% mencionado, causa que la resistividad sea prácticamente constante. Y, puede tenerse el caso de que en tiempo seco, un terreno puede tener tal resistividad que no pueda ser empleado en el sistema de tierras. Por ejemplo en Córdoba, en invierno que es bastante seco respecto al verano, por lo tanto la resistividad es prácticamente el doble en la estación seca. Por ello, el sistema debe ser diseñado tomando en cuenta la resistividad en el peor de los casos. Una técnica muy común es permanentemente mojar la tierra, e incluso se ha llegado hasta hacer un pequeño sistema de riego para humidificarla periódicamente. Aquí volvemos a hacer hincapié que la humedad aumenta la corrosión del metal.

Tabla n° 3 Efecto del Contenido de Humedad en la Resistencia del Suelo

Contenido de humedad (% por peso)	Resistividad (ohms.cm)	
	Tipo de suelo	Barro – arenoso
0	>$1.000 . 10^6$	>$1.000 . 10^6$
2.5	250.000	150.000
10	165.000	43.000
15	53.000	18.500
20	12.000	6.300
30	6.400	4.200

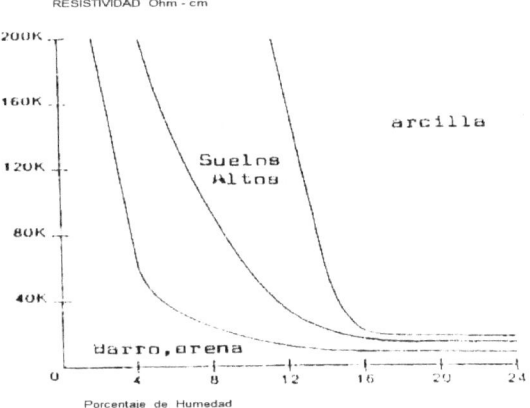

Figura n° 16 Influencia del contenido de Humedad

Temperatura

A medida que desciende la temperatura aumenta la resistividad del terreno y ese aumento se nota aún más al llegar a 0°C hasta el punto que, a medida que es mayor la cantidad de agua en estado de congelación, se va reduciendo el movimiento de los electrolitos los cuales influyen en la resistividad de la tierra, dado a su carácter cristalino del agua.

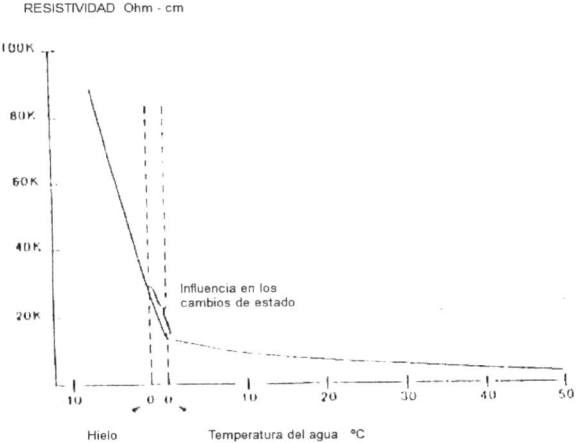

Figura n° 17 Influencia de la temperatura en la resistividad

Al contrario, cuando aumenta la temperatura, dentro de los rangos normales de temperatura ambiente, influye sobre la velocidad de movimiento de los iones, facilitando la conducción eléctrica y por ende, disminuye la resistividad (aumenta la conductividad). Sin embargo si seguimos aumentando la temperatura hasta llegar a los 100°C, comienza la evaporación del agua, luego disminuye la humedad aumentando la resistividad. En la práctica esto parece imposible, pero cuando cae un rayo y la resistencia de dispersión es alta, aquí se produce el fenómeno de fundición de los metales (CU o FE), la arena se funde y se convierte en fulgurita, y la humedad del suelo se evapora. Lo mismo sucede si circula corriente permanente por la jabalina, el efecto Joule hará que tome temperatura el suelo perdiendo las sales minerales, los iones en agua y por consiguiente resecándose el suelo y aumentando el valor de su resistividad.

Tabla n° 4 Efecto de la temperatura en la resistencia del suelo

Temperatura (°C)	Resistividad (ohms.cm)
20	200
10	9.900
0 (agua)	13.800
0 (hielo)	30.000
-5	79.000
-15	330.000

En el grafico siguiente de la figura n° 18 podemos ver la variación de los tres parámetros simultáneos.

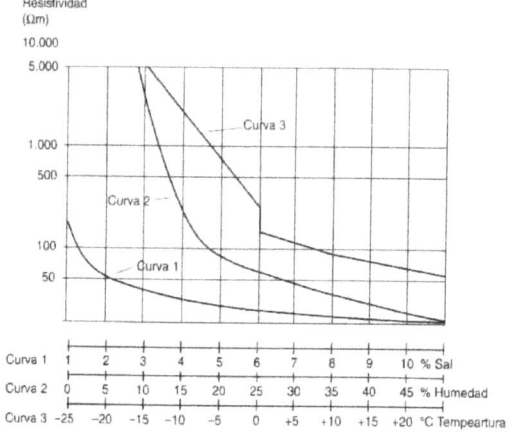

Figura n° 18 Variaciones de resistividad por diversos factores

Variaciones estacionales

Los factores anteriores descriptos como la humedad, temperatura, salinidad, etc., se ven afectados a lo largo del año, debido a las variaciones estacionales y climatológicas. Es decir, los cambios de invierno – verano, frío – calor, lluvia – sequía, etc., afectaran fundamentalmente a las capas superficiales del terreno, comúnmente denominada capa verde.

A la hora de realizar el implante del electrodo en el suelo, debemos hacerlo a una profundidad tal que las variaciones climáticas afecten lo menos posible al terreno y al contacto terreno – jabalina.

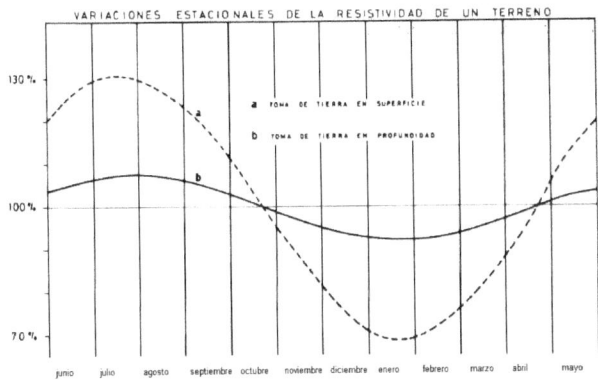

Figura n° 19 Variación anual promedio de la resistividad del suelo

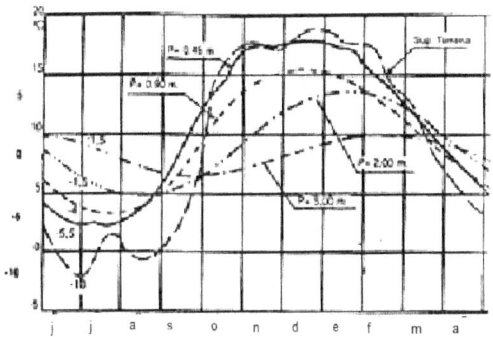

Figura n° 20 Temperatura del terreno a diversas profundidades P al variar la temperatura en las diferentes estaciones del año.

De aquí se deduce que a mayor profundidad, menor serán las influencias exteriores del ambiente sobre el terreno.

Si se observa el grafico n° 19 se verá por ejemplo que si una jabalina implantada en ese terreno mide 70 Ohms en verano, en invierno puede llegar a medir 130 Ohms. Su incremento es casi el doble. Nos encontramos en la época más seca del año, donde el terreno se encuentra más seco.

Las normas tienen en cuenta en la revisión periódica que debemos hacer sobre las puestas a tierra de esta variación estacional y de hecho el valor aceptable es el más desfavorable en el año; para nuestro ejemplo es de 130 Ohms.

En zonas serranas y montañosas y en zonas frías (nieve, hielo), lo apropiado seria enterrar la o las jabalinas a una profundidad mayor para que la resistencia no se vea afectada por las bajas temperaturas.

En el grafico n° 20 observamos como varía la temperatura del terreno a distintas profundidades de enterramiento para el hemisferio sur.

25

SUELOS HETEROGENEOS

De acuerdo a lo que se observó en la figura n° 5 sobre la estratificación, se pudo comprender que cada capa de terreno u horizonte tiene una resistividad diferente.

Es decir que se tiene ρ_1, ρ_2, ρ_3, etc. Puede darse que cualquiera de los estratos tenga mayor o menor resistividad que cualquiera de los otros. Esta aplicación la debemos tener en cuenta para varilla de gran longitud o enterradas profundamente, por ejemplo más allá de los dos a diez metros. Aquí varían las líneas equipotenciales y los filetes de corriente en función de la resistividad que tendrán mayor o menor facilidad en salir del electrodo y dependiendo de la frecuencia de la corriente presentará mayor o menor impedancia por tramo y reflectancia al impulso.

Se puede medir con telurímetro aproximadamente las profundidades de las capas en función de la distancia de medición, a mayor distancia de separación de las sondas auxiliares mayor profundidad. Pero tiene el error que se va promediando el ρ con la profundidad de las distintas capas. Para obtener una mejor precisión debe hacer varias perforaciones en el suelo y medir con el telurímetro inmediatamente encontramos una capa o extracto distinto. Esta aplicación es para lugares críticos y complejos como es el caso de centrales eléctricas, centrales nucleares, centro de investigación, etc., donde necesitamos una malla de puesta a tierra acorde a su importancia y envergadura, y amerita un estudio de estratos ya que debe cumplir un rol funcional importante durante su vida útil. Este estudio debe ir acompañado del estudio volumétrico que se hace al suelo para el cálculo de las estructuras, ya que las debe acompañar a estas desde todo punto de vista: físico, químico, eléctrico, mecánico, etc.

Proponemos la siguiente fórmula para obtener el valor de la resistividad total volumétrica en suelo a trabajar:

$$\rho \cdot t = \frac{\left(\rho_1 \cdot h_1 + \rho_2 \cdot h_2 + \rho_3 \cdot h_3 + \cdots\right)}{L}$$

Dónde: ρ_1 corresponde al estrato 1
ρ_2 corresponde al estrato 2
ρ_3 corresponde al estrato 3
L corresponde a la longitud enterrada de la jabalina
h_1, h_2, h_3, etc., profundidad de los estratos

****

Todos los sistemas de puesta a tierra tienen una frecuencia de repuesta. Mientras menor sea la resistencia de tierra, mayor será su frecuencia de repuesta.

Todos los sistemas de puesta a tierra tienen cierto grado de inductancia y capacitancia que tratan de reducir la frecuencia de repuesta, si la resistencia no predomina.

ACTIVIDAD

Temario propuesto para debate y resolución

1) ¿Cuáles son los aspectos geotécnicos de una puesta a tierra?

2) ¿Cuál es la importancia de la granulometría de la roca?

3) ¿Cuál es la importancia de la estratificación?

4) ¿Porque se degrada una puesta a tierra y que tipos de degradación sufre?

5) ¿Cómo influye en una puesta a tierra la compactación y rellenado?

6) ¿Cuáles son los factores que modifican el funcionamiento electrofisiológico del suelo? Explique en qué forma lo afectan.

7) ¿En que influye la materia orgánica en la resistividad del suelo?

8) ¿Para qué nos sirve saber el valor de la resistividad de un suelo?

9) ¿Cuál es el suelo de menor resistividad y el de mayor resistividad?

10) Investigue mapas orientativos de resistividad en el país y cuantos tipos de suelo se encuentran.

11) Tenemos una JVR implantada de 1 metro de L cuyo valor da 40 Ohms a 20% de humedad. Si la humedad baja a 10%, ¿Qué valor Rt tendremos si medimos con un telurímetro a 1 KHz? Utilizar la figura n° 11.

12) Si tenemos una resistividad de 2.5 K Ω.cm con un % de sal de humedad por peso de 0.05, y agregamos más sal en % hasta 10%, ¿Qué valor de resistividad se consigue? Usar la figura n° 15.

13) Si tenemos una resistividad de 60 Ω.m con una temperatura del agua del suelo de 30 °C, al cambiar el clima y bajar la temperatura del agua a -2 °C, ¿Qué valor de resistividad tendremos? Usar la figura n° 15.

14) ¿Cuál de los siguientes factores afecta más a la resistividad del suelo: salinidad, humedad o temperatura? Justifique en base a la figura n° 18.

3
PUESTA A TIERRA, DEFINICIONES Y VALOR

DEFINICIÓN DE UNA PUESTA A TIERRA

Daremos las definiciones básicas de uso común utilizadas en este tema. Para ampliar la información y/o aplicaciones, recomendamos al lector dirigirse a las normas nacionales e internacionales.

¿Que entendemos por una puesta a tierra?

Una puesta a tierra es un sistema o instalación de elementos unidos mecánica y eléctricamente que nos dan una continuidad eléctrica con el plano de tierra, nos permite fijar una referencia de potencial eléctrico y conducir las corrientes eléctricas a tierra a fin de dispersarlas. IEEE hace notar que una puesta a tierra puede ser intencional o accidental, en el caso de un cuerpo conductor de medidas relativamente grande de dimensiones que cumple con la función de puesta a tierra.

Entonces "poner o conectar a tierra" es un circuito independiente de la instalación eléctrica formado por varios elementos a saber: cable de cobre desnudo y/o bicolor según corresponda denominado conductor de protección o PE, vinculado mediante un tomacable a una jabalina (electrodo, pica, varilla o dispersor, todos nombres equivalentes) introducido en el suelo y en íntimo contacto con éste.

Estos son los elementos básicos. Pero pueden intervenir otros tipos de elementos como morsetos, terminales, bornera de tierra, barra de toma a tierra, barra equipotencializadora, tapa (también denominada caja o cámara) de inspección, etc., elementos no enterrados ya que están prohibidos por las normas.

En la figura nº 21 vemos como las capas de tierra que rodean al electrodo o JVR se comportan como las capas de una cebolla. Este concepto es muy importante para entender los hemisferios de acción cuando circula corriente.

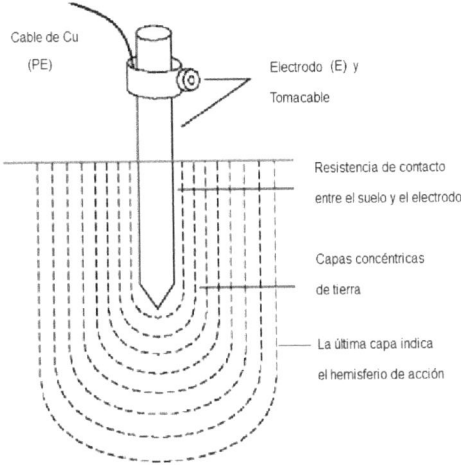

Figura nº 21 Elementos que constituyen una puesta a tierra

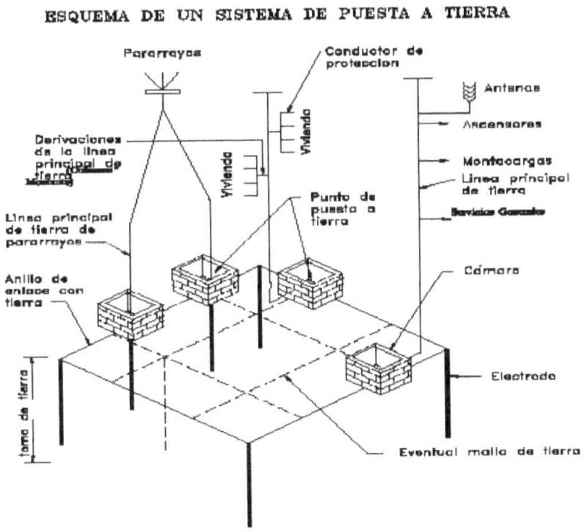

ESQUEMA DE UN SISTEMA DE PUESTA A TIERRA

Pararrayos

Conductor de protección

Antenas

Ascensores

Derivaciones de la línea principal de tierra

Vivienda

Montacargas

Línea principal de tierra

Punto de puesta a tierra

Línea principal de tierra de pararrayos

Servicios Generales

Anillo de enlace con tierra

Cámara

toma de tierra

Electrodo

Eventual malla de tierra

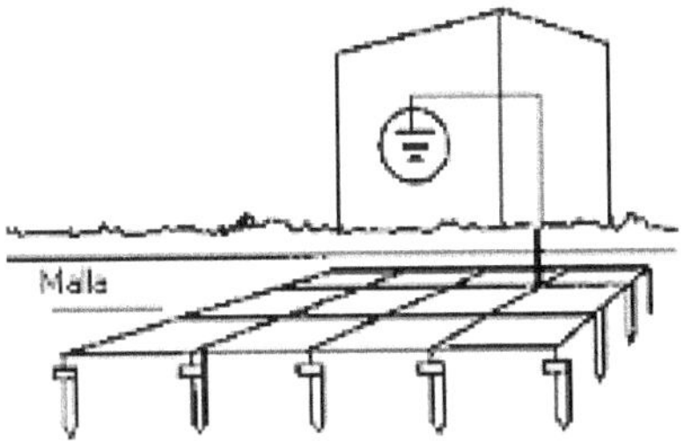

Malla

Figura nº 22 Red mallada de puesta a tierra

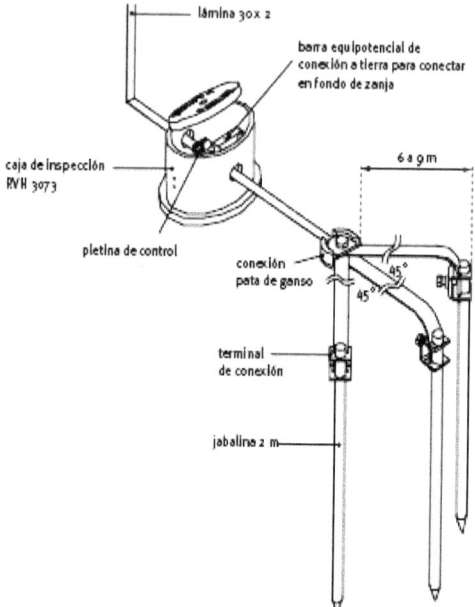

Figura n° 23 Configuraciones comunes de puesta a tierra

A su vez la jabalina puede ir acompañada de otras jabalinas en paralelo en distintas configuraciones como malla cuadriculada, pata de ganso, en triángulo, etc., unidas con cable de cobre desnudo mediante soldaduras exotérmicas (como las cuproaluminotérmicas) o soldadura fría (por compresión), que sí están permitidas por las normas para quedar bajo tierra. Está prohibida la soldadura de estaño y plomo. Todos los elementos como terminales, morsetos, tomacables, etc., no deben quedar tapados por la tierra. Deben quedar dentro de una cámara de inspección para fácil mantenimiento, como se pueden observar en las figuras n° 22 y n° 23.

Esto constituye nuestra instalación de puesta a tierra o sistema de puesta a tierra.

SUELO ELECTRICAMENTE NEUTRO

Con la denominación SEN (suelo eléctricamente neutro) indicamos una zona o superficie de la tierra suficientemente alejada de nuestro electrodo en cuestión (a medir en nuestra instalación) de manera tal que no existe diferencia de potencial medible apreciable entre los distintos puntos de esta zona de referencia y no tiene ninguna resistencia o impedancia, o sea se comporta como un suelo neutro eléctricamente y nos permitirá implantar nuestro electrodo de referencia como son los electrodos auxiliares de un telurímetro cuando queremos realizar una medición de puesta a tierra. Las condiciones óptimas de este terreno serían la de estratos limpios o puros, sin rellenos, cimientos, cañerías, ductos, etc.

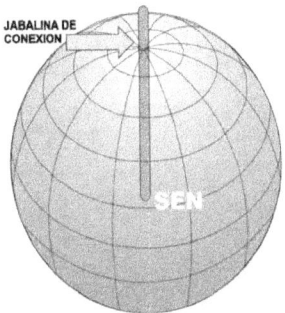

Figura n° 24 Tierra de referencia SEN

POTENCIAL ELECTRICO DE LA PUESTA A TIERRA

Es un concepto muy importante y que debemos diferenciarlo de la medición de la puesta a tierra ya que esta se mide en Ohms mientras que el potencial eléctrico de una tierra se mide en voltios. Por ende es una diferencia de potencial entre:

1) Nuestro sistema de puesta a tierra utilizado y una puesta a tierra de referencia (SEN).

2) Nuestro sistema de puesta a tierra y el régimen de neutro utilizado en la instalación eléctrica en cuestión.

El primer caso nos sirve, como ya indicamos, cuando hacemos una medición de puesta a tierra mediante telurímetro y sus sondas auxiliares implantadas en un SEN. Otro caso es el de dos edificios separados entre sí, pero que deben ser alimentados por la misma fuente y/o interconectados a nivel señal débil.

En el segundo caso mencionado debemos dejar bien claro que el régimen del neutro adoptado en nuestra instalación eléctrica no es lo mismo que el sistema de puesta a tierra implementado en nuestro local, es un esquema de conexión o vinculación con la tierra.

El régimen del neutro nos dice que el centro de estrella de nuestro sistema trifásico de generación está| referenciado a tierra, y según como llegue a nuestro local será T-T, T-N (con las variantes NS o NC) y T-I, que presentan distintas propiedades y por ende distintas aplicaciones. Sólo mencionaremos por ejemplo que podemos tener un régimen del neutro T-T con un sistema de puesta a tierra del tipo malla, o pata de ganso. Aquí la diferencia de potencial entre neutro y tierra la medimos con un voltímetro y nunca deberá ser cero voltio salvo en la misma subestación transformadora que es donde está unido en neutro a la tierra. Y su valor máximo no deberá superar los 24 voltios de acuerdo a las normas VDE para ser considerado un neutro rígidamente unido a la tierra.

Los sistemas T-T y T-NS son los reconocidos por nuestras normas para instalaciones eléctricas comunes. El sistema T-I se aplica para instalaciones especiales como electromédicas. El sistema T-NC está prohibido.

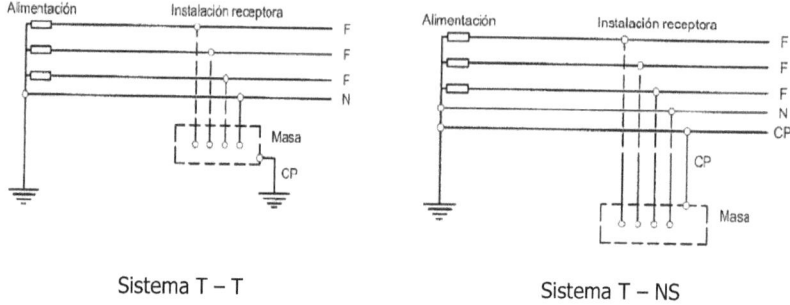

Sistema T – T   Sistema T – NS

Figura nº 25 Régimen del neutro

VALOR ÓHMICO DE UNA PUESTA A TIERRA

En Argentina la Ley nacional N° 19.587 de Higiene y Seguridad en el Trabajo y sus decretos reglamentarios, exigen que todas las Instalaciones Eléctricas tengan una Puesta a Tierra. Se encuentra en el reglamento de la AEA (Asociación Eléctrica Argentina) n° 90364 e IRAM 2281 en sus distintas partes las especificaciones sobre este tema.

En baja tensión, la condición más desfavorable para las personas y su mayor riesgo de electrocución, es la del contacto directo con la tensión de la fase, en donde la persona queda en paralelo con la puesta a tierra. El valor óhmico de la piel seca es aproximadamente de 3 KΩ a 50 KΩ. En cambio si una persona está descalza y tiene la piel húmeda o mojada, el valor óhmico de la piel es de apenas unas decenas de Ohms, y siempre hablando de piel sana, ya que con pocos mili amperes es muy sensible el cuerpo y puede haber daños irreversibles dependiendo del tiempo de exposición.

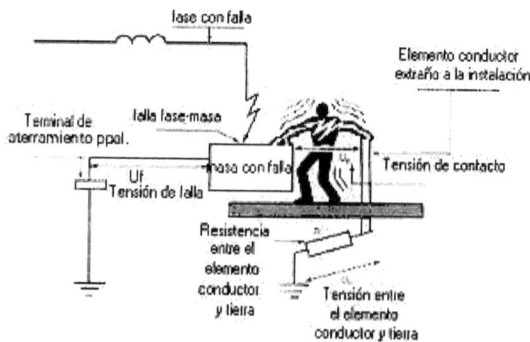

Figura nº 26 Contacto con la tensión de fase y circulación de la corriente por el cuerpo hacia el suelo.

Ésta es la razón principal por lo que la puesta a tierra debe ser lo más bajo posible y su circuito eléctrico debe encontrarse en perfectas condiciones, de esa forma siempre actuará la protección diferencial. Así procuramos que la mayor corriente circule por la puesta a tierra en paralelo con la persona y la menor corriente posible por la persona misma. No obstante aclaramos que los disyuntores diferenciales pueden actuar con valores óhmico muy altos de puesta a tierra ante un defecto, pérdida o falla a tierra. Ambos elementos, pat y DD son obligatorios por ley para la seguridad eléctrica, así evitar muertes e incendios.

La implementación de la puesta a tierra debe ser llevada a cabo siempre independientemente del tipo de instalación eléctrica y/o materiales usados para los mismos. Por ejemplo, más allá del uso de cañerías y tableros plásticos permitidos, el circuito de puesta a tierra y su vinculación con la jabalina es obligatorio. Aunque en la etapa de diseño se la pueda considerar innecesario, durante su vida útil estará sometida la instalación eléctrica al ingreso de agua, posterior posible cortocircuito o deterioro de los materiales, ingreso de suciedad, efecto de metalizado, etc., y en definitiva el riesgo a las personas y bienes.

R$_M$ Resistencia Interna de la Persona

R$_{SI}$ Resistencia de Contacto del lugar

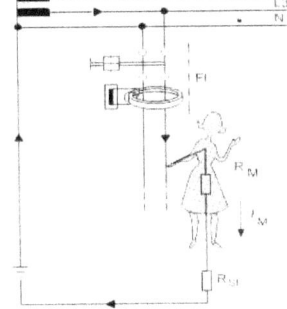

Figura n° 27 Esquema del principio de funcionamiento del disyuntor diferencial en contacto directo.

Tal como indican las normas, el valor de la resistencia eléctrica es la sumatoria de tres elementos en serie donde cada uno aportará su resistencia:

1) La resistencia óhmica de los conductores que constituyen el cableado eléctrico

2) La resistencia óhmica de contacto entre el o los electrodos enterrados y el suelo circundante

3) Y la resistencia óhmica propia del suelo que rodea a los electrodos enterrados, también denominada resistencia de dispersión.

El punto primero debería ser despreciable a condición de un cableado correctamente realizado y mantenido periódicamente, tal es el caso de terminales, empalmes y el tomacable. Este último es el más crítico en la práctica por su implementación inadecuada por parte de los fabricantes y falta de mantenimiento, llegando a perder toda funcionalidad la puesta a tierra y poniendo en riesgo la seguridad requerida.

El segundo punto es crítico, pues de él depende alcanzar el íntimo contacto con el suelo y determina la sección de pasaje de la corriente eléctrica y la densidad de la misma. En la figura n° 21 la observamos como capa concéntrica. Cuanto más grande sea la sección de contacto, mayor será la corriente dispersada, menor su densidad de corriente, y por ende menor caída de potencial. He aquí donde el instalador debe poner su mayor dedicación, se debe asegurar de que no ingrese aire y de humectar lo mejor posible el suelo mientras implanta la jabalina y compactarlo si es necesario. Este punto no debería aportar más de un 20% del valor óhmico de la puesta a tierra. Tal es la importancia de este punto que el entorno de la jabalina en una distancia igual a su radio constituye su hemisferio de acción.

El tercer punto es el condicionante para el valor óhmico obtenido, ya que la mayor parte de la resistencia óhmica se encuentra ubicada en el suelo cercano a los electrodos o jabalinas. A medida que nos alejemos de la jabalina, la sección del suelo por la que la atraviesa la corriente se hace infinita y la densidad se hace cero, es aquí donde nos queda el valor intrínseco de Rho (ρ).

> Siempre el valor óhmico de una puesta a tierra
> debe ser el más bajo posible.
>
> Podemos decir que lo ideal sería fracciones de miliOhm.

Las normas IRAM no dan un valor específico de la resistencia de puesta a tierra.

El caso que lleva un valor específico de resistencia de puesta a tierra es para una estación transformadora de alta y media tensión, y depende del tiempo de actuación de las protecciones y potencia de cortocircuito, generalmente es del orden de algunos pocos Ohms.

> Los estándares IEEE recomiendan un valor de 25 Ohms.
>
> En baja tensión la reglamentación de la A.E.A. recomienda un valor de resistencia de puesta a tierra menor o igual a 40 Ohms para instalaciones eléctricas en inmuebles como viviendas, oficinas y locales.

En instalaciones eléctricas críticas como la de computadoras, telecomunicaciones, equipamiento electromédico, etc., es necesario un valor más bajo para que pueda eliminar el ruido y las interferencias EMI y de RF.

En la práctica se observa que con valores menores a "10 Ohms" es suficiente.

La norma IRAM 2281 – Parte VII para instalaciones hospitalarias recomienda un valor de 3 Ohms, de no ser factible de alcanzar no debe superar los 50 Ohms.

En las instalaciones eléctricas industriales, como es una línea de producción de una fábrica por ejemplo, es más complejo el tema y no hay reglamentación o normativa específica. Aquí se debería coordinar el valor de la puesta a tierra con el régimen de neutro adoptado y en función de la calibración de las protecciones, tanto amperométrica como cronométrica, para evitar el riesgo a los operarios y a las instalaciones e inmuebles.

Desde el punto de vista económico, no es inversamente proporcional el costo de una puesta a tierra respecto de su valor óhmico, por ejemplo, si queremos bajar a la mitad el valor óhmico de una instalación de puesta a tierra existente, no cuesta el doble en dinero de lo ya invertido. Por debajo de los 10 Ohms, aproximadamente, su valor se incrementa en forma exponencial por cada Ohm que queremos bajar, y por una razón "costo – beneficio" se debe analizar bien su implementación para poder cumplir las reglamentaciones y/o normativas vigentes.

El caso más desfavorable de todos es la puesta a tierra para una descarga atmosférica. Aquí su valor óhmico debe ser el más bajo posible, pues ya vimos que la descarga atmosférica tiene gran amplitud en KA y poca duración (microsegundos).

Este tiempo de duración no alcanza a tener el tiempo de integración necesario para producir efecto Joule. Su valor no debería superar unos pocos Ohms, ya que decenas o centena de Ohms retardaría el paso de la corriente elevando la caída de potencial en la puesta a tierra y produciendo efecto Joule, con consecuencias como fundir y destruir todos los elementos a su paso, con posibilidades de arcos a estructura o elementos cercanos.

Por último debemos aclarar que en una puesta a tierra no solo interviene su resistencia, sino también su impedancia formada por la componente resistiva y reactiva. Esta componente reactiva puede ser inductiva o capacitiva. Por la forma constructiva de los electrodos siempre aparecerá el efecto Skin o pelicular, es decir la circulación superficial de la corriente y por tanto disminución de la densidad de corriente ya que la sección efectiva es menor. Es decir, que su parte inductiva toma mayor importancia y mayor valor óhmico superando en diez veces o más la parte resistiva. El conductor cilíndrico de *Cu* que conecta la jabalina y en el caso más utilizado de una jabalina cilíndrica, son una misma continuidad y figura geométrica y el cálculo de su inductancia es bien conocido. Para bajar este valor inductivo en la práctica se busca colocar más electrodos en paralelo y más cable de cobre enterrado de manera de obtener un valor óhmico general más bajo.

Por otro lado también aparece la capacidad o acople capacitivo de un electrodo o jabalina que es la interacción de su hemisferio de acción con el electrodo natural o estructura cercana (toda estructura como cimiento, columna, pared, etc., también posee su hemisferio de acción) que están en contacto o no respetan distancias mínimas y contribuyen o favorecen la dispersión de corriente. Este efecto capacitivo es notorio en corrientes impulsivas y transitorias, pero en corrientes continuas o alternas de baja frecuencia es perjudicial porque pueden provocar tensiones de paso y tensiones de contacto, peligrosas para las personas, animales o bienes.

Hoy en día sabemos que cuando instalamos dos electrodos, su distancia de separación debe ser mayor a dos veces su largo, de esa forma evitamos se acoplan y su valor óhmico sea más alto de lo esperado. Por ejemplo, si instalamos dos jabalinas de 2 metros de longitud, su separación debe ser mayor a 4 metros. De esta forma si la medición individual arroja un valor de 10 Ohms, el paralelo nos debe dar 5 Ohms. En cambio si no se respeta la distancia de separación como se muestra en la figura n° 28, nos puede dar la medición del conjunto un valor de 7 u 8 Ohms, estamos desaprovechando su propiedad eléctrica por implante incorrecto. Lo mismo ocurre con una estructura y una jabalina cercanas entre sí solapándose los hemisferios de acción.

El fenómeno de acoplamiento es debido a la saturación electrónica que sufre el suelo circundante a cada varilla, de allí que si están muy cerca los electrones se repelen entre si y se vuelven hacia la fuente (es decir a su respectiva jabalina), de allí es que la impedancia aumenta cuando no se respeta la distancia de separación.

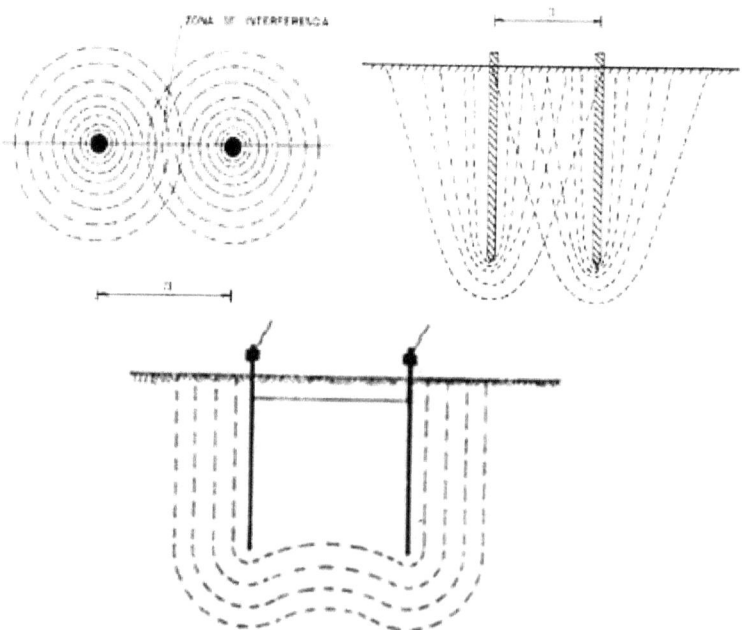

Figura n° 28 Hemisferio de acción de dos electrodos como se interfieren entre si

Figura nº 29 Electrodo con tomacable y cable bicolor muy cercano a la estructura

Separación incorrecta - 1,5 m

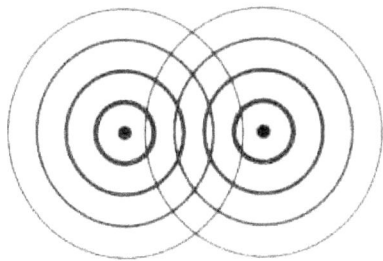

Varilla de 1,5 m - Radio de influencia 1,5 m

Separación correcta - 3 m

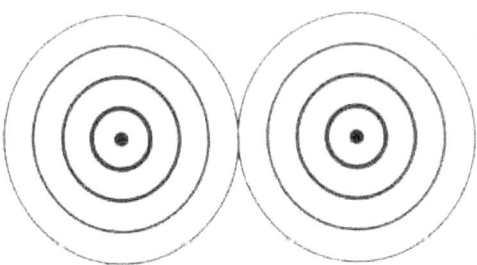

Figura nº 30 Separación mínima necesaria entre electrodos

MODELO DE FUNCIONAMIENTO DE UNA PUESTA A TIERRA

Prosiguiendo con el estudio una puesta a tierra, es importante interpretar el funcionamiento eléctrico–iónico de un electrodo o jabalina del tipo rod o varilla implantada cuando se le inyecta corriente a través de ella ya sea de forma impulsiva o de forma estacionaria.

Aquí la tierra puede presentarnos dos características muy contradictorias, puede considerarse como un conductor eléctrico muy pobre si se lo compara con la mayoría de los metales ya que tiene conductividad 10^{10} veces menores que el cobre con lo cual se dificulta la conducción de la corriente eléctrica; a su vez se dispone de una enorme superficie para realizar esa conducción, lo que para numerosos efectos prácticos se acerca a la condición de medio adecuado para transportar la corriente por su baja resistencia.

$$R = \frac{1}{\sigma \cdot S}$$

en donde la resistencia es igual a la longitud sobre conductividad por la superficie transversal.

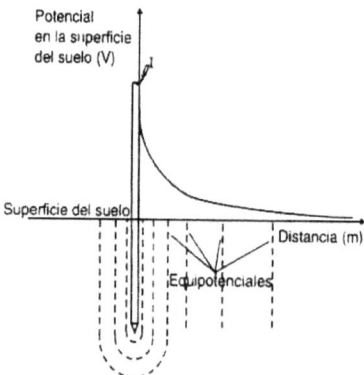

Figura n° 31 Distribución equipotencial de tensión al inyectar corriente

De aquí se deduce que la corriente atravesara la sección transversal disponible para propagarse. Por lo tanto su comportamiento no corresponde a un modelo matemático circuital, sino a un arreglo de distribución de campos.

En el grafico n° 31 se puede observar las líneas equipotenciales de tensión provocadas por la inyección de corriente en el electrodo, y se grafica a la vez sus valores decrecientes con la distancia de la fuente.

Ahora aparece entre las líneas equipotenciales un gradiente de potencial (V/m). Si estos gradientes son altos y una persona entra en contacto entre las líneas equipotenciales por ejemplo cuando camina, está expuesta a riesgo de electrocución.

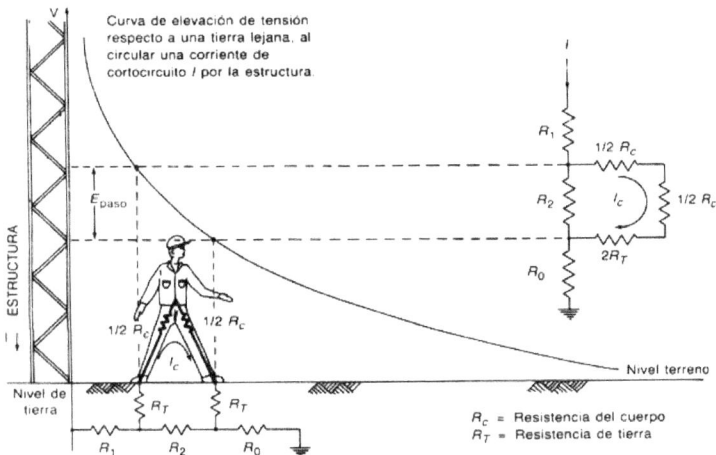

Figura n° 32 Tensión de paso cerca de una estructura conectada a tierra

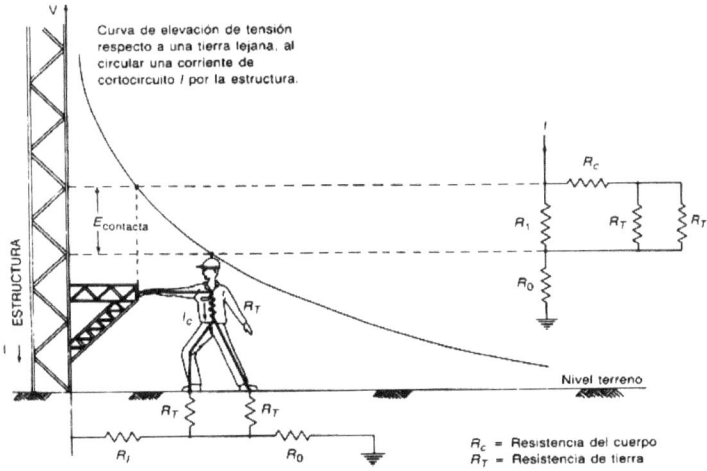

Figura n° 33 Tensión de contacto al tocar una estructura

Aquí aparecen dos conceptos importantes:

a)   Tensión de paso, dada entre las líneas equipotenciales en el plano del suelo que no deben superar los 125 voltios/metro por seguridad.

b)   Tensión de contacto, dada entre una estructura vertical y el plano del piso, de forma similar no debe superar los 125 voltios/metro por seguridad.

Esto lo vemos representado en las figuras n° 32 y n° 33.

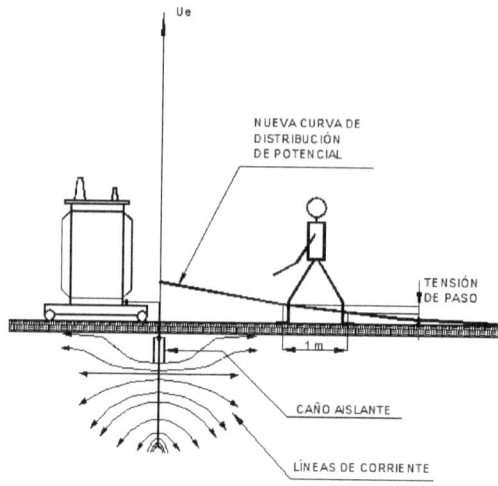

Figura nº 34 Puesta a tierra entubada

Por lo tanto el sistema de puesta a tierra se debe diseñar, construir y operarlo de manera tal que no genere daños a las instalaciones, equipamientos ni personas, tanto propias del lugar como vecinas adyacentes, según indican las normativas vigentes.

Destaquemos que la tensión de contacto es más peligrosa que la tensión de paso dado que atraviesa órganos más vitales.

Un método para minimizar las tensiones de paso es entubar el electrodo enterado, cuando más profundo es enterrado el electrodo y el tubo aislante más cubre en profundidad, menor es la tensión de paso. Ver figura nº 34.

Tabla nº5 Participación de la tierra circundante en el total de la resistencia a tierra

S/L	0.1	0.25	0.5	1.0	2.0	50	∞
% Rt	58	72	81	88	93	97	100

Entonces a medida que la corriente fluye por la tierra se crea un gradiente que es la manifestación del campo eléctrico, el cual disminuye rápidamente con la distancia a medida que nos alejamos del electrodo, como es lógico el suelo tiene resistencia más alta que el cobre en este caso.

La resistencia de la tierra puede ser definida como:

$$R_t = \frac{1}{I \nabla E(s) ds}$$

Donde la $VE(s)$ representa la diferencia de potencial entre un punto de tierra remota que llamamos SEN y el electrodo; I es la corriente inyectada por el electrodo.

Esta corriente I puede ser impulsiva o permanente. Cuando esta corriente I de descarga a tierra es de alta densidad ($J>1$ A/m^2) como sucede en una descarga atmosférica, la estructura del suelo se modifica por procesos de ionización y creación de plasma en las vecindades de los electrodos. La figura n° 35 ilustra muestra el volumen circundante bajo ionización. También permite observar como entre el electrodo y la zona de conducción se produce la condición de baja densidad de corriente. Además hay zonas de mayor conductividad las cuales tienen el efecto de una superficie electrónica mayor y por lo tanto la impedancia de la puesta a tierra será menor que la que se mediría en condiciones normales o sea con baja densidad de corriente.

Dependiendo del suelo y de la descarga de corriente, se puede presentar caminos ionizados hasta decenas de metros de distancia; la zona adquiere características como las que se observan en la figura n° 36.

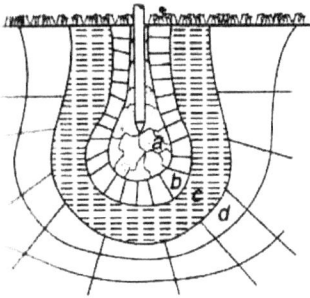

Figura n° 35 Volumen circundante del electrodo con alta densidad de corriente: a. canales de plasma; b. zona de ionización; c. zona de semiconducción; d. zona de conducción electrolítica.

Estos mecanismos de ionización están favorecidos por el aire que se ubica entre los intersticios de los granos del suelo. También hay aumento de temperatura por el mismo paso de la corriente que fluye en el suelo gracias a la presencia de moléculas de agua que al incrementar su temperatura por efecto Joule hará decrecer levemente la resistividad general del suelo favorecida por la conducción electrolítica de las sales disueltas. Desde ya que esto no es uniforme y se formarán canales favorecidos por la temperatura, en los cuales una vez que el agua alcance el punto de ebullición comenzará la disrupción o ionización.

Muchas veces estos procesos son irreversibles cuando hay en juego una alta energía de descarga con resistencia alta de puesta a tierra, llegando a fundir los materiales en el suelo, desde la cabeza de la jabalina y toma cable hasta la arena convirtiéndola en fulgurita.

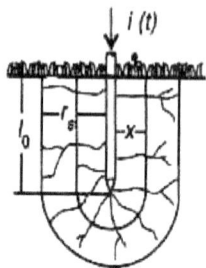

Figura nº 36 Zona de ionización de una varilla; lo longitud del electrodo; r_s radio equivalente que incrementa la zona de ionización

Debido a la gran matriz que representa el suelo (conductividad eléctrica, contenido de agua, tipo y tamaño del grano, etc.) no se puede separar los mecanismos de conducción. Por ejemplo en suelos áridos donde escasea el agua, predomina la conducción iónica del aire. En el caso opuesto donde el suelo está saturado de agua y por ende sin aire en los intersticios, tiene mayor factibilidad de que el fenómeno se iniciará por el calentamiento térmico del agua. En un punto intermedio ambos mecanismos compiten por iniciar la disrupción. Destacamos que este proceso no es lineal como se observa en la figura nº 37 de acuerdo al modelo semiesférico ensayado en Gösgen.

Se ha encontrado en laboratorio que 300 KV/m es un valor de campo crítico para iniciar la ionización. Recordemos que un rayo entrega cientos de KA, por lo tanto es un valor fácilmente alcanzable.

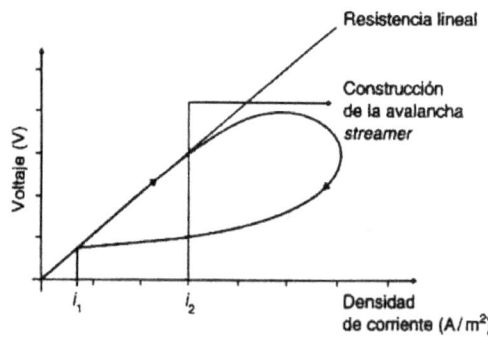

Figura nº 37 Curva característica de tensión – corriente de un electrodo de puesta a tierra con alta densidad de corriente.

Por otra parte se proponen dos modelos en el efecto de la ionización del electrodo, una propuesta asume la variación de la resistividad del suelo que rodea a dicho electrodo, lo que le confiere un comportamiento dinámico; la otra propuesta modifica las dimensiones transversales del electrodo incrementando el radio efectivo del electrodo. En sendos casos hablamos de un "cilindro crítico" que rodea al electrodo.

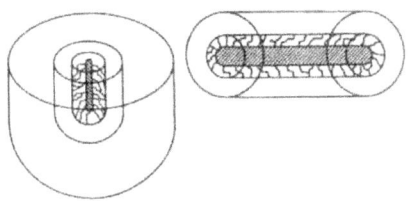

Figura nº 38 Modelo del radio del conductor

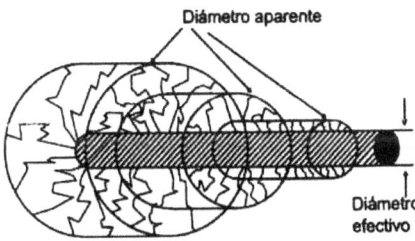

Figura nº 39 Modificación del radio del conductor

En conclusión, lo que pretenden estos nuevos modelos es interpretar el funcionamiento dinámico de las capas de tierra que rodean al electrodo o varilla, símil a las capas de la cebolla como ya habíamos mencionado. Y este concepto es el que nos permitirá mejorar la adaptación del electrodo al suelo como veremos más adelante y se denomina hemisferio de interacción (HI).

IMPEDANCIA DE PUESTA A TIERRA

Pues la impedancia eléctrica es una función de transferencia dependiente de la frecuencia de la onda electromagnética que la atraviesa como ya lo vimos. Por una parte tendremos un comportamiento resistivo que es predominante en baja frecuencia, y un comportamiento reactivo que es preponderante ante alta frecuencia como es el caso de una descarga atmosférica y/o un cortocircuito. Esta parte reactiva depende de la figura electrogeométrica adoptada por nuestro sistema de puesta a tierra donde participan las inductancias de las formas de los electrodos y cables utilizados y de la capacidad dispersa.

Por ejemplo una puesta a tierra formada por un solo electrodo de varilla tipo rod de sección transversal circular toma la figura electrogemetrica cilindro esférica, y su inductancia es equivalente a la inductancia del cable que la conecta a la instalación aproximadamente si son de la misma sección.

Aquí los parámetros predominantes son la resistividad eléctrica del suelo y la permitividad dieléctrica relativa del suelo que determinan la impedancia electroquímica del mismo. A mayor frecuencia predomina la inductancia de la figura electrogeométrica sobre la capacitancia del suelo.

Parte reactiva puede ser de 10 a 1.000 veces más alta que la resistiva.

Cuando se tiene más de una varilla para lograr un valor aceptable de puesta a tierra, aparecen las figuras electrogeométricas de pata de ganso, en triangulo, en cuadrilátero, malla, etc., que son más complejas de determinar.

Pero a la hora de decidir cual debería ser la mejor configuración de puesta a tierra se debe saber que la distancia de los cables que unen las jabalinas deben estar entre 5 a 10 veces la longitud del electrodo utilizado, así es compensada parcialmente por la capacitancia del suelo. La inductancia del cable es muy importante en distancias largas. Y cuanto más separadas y distantes las jabalinas respecto del centro de conexión, más profundamente enterrados deben estar los electrodos y los cables.

En el caso de una descarga impulsiva, la figura más adecuada de disipación con varios electrodos es en estrella con un centro de distribución de carga con los radiales que llevan los electrones hacia las jabalinas en la forma más recta posible sin anillo perimetral. Cualquier anillo y/o desvío del recorrido de los cables aumenta la inductancia y pierde la efectividad ante la descarga aumentando su impedancia. Éste puede ser el caso de una torre de comunicación.

Distinto es el caso de un edificio o nave donde la estructura ya hace de dispersor (tierra Ufer) y requiere de una malla perimetral para equipotencializar el entorno de la estructura en cuestión y disipar la energía transitoria. Ver figura n° 40.

Por último, es muy común usar contrapesos. Esto es un radial más largo que otro con un electrodo en el extremo para obtener un valor de puesta a tierra más bajo.

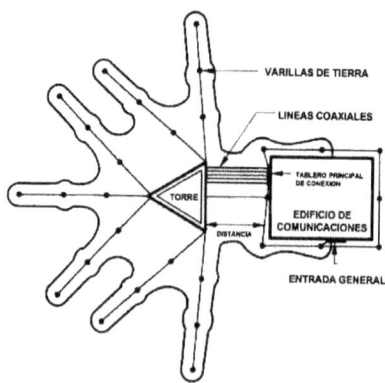

Figura n° 40 Sistema de equipotencialización de una torre y una estructura

En la práctica cuanto más largo es el contrapeso mayor es el aumento de su impedancia por el efecto de su inductancia. Termina siendo contraproducente ya que la medición nos arroja valores diferentes en diferentes direcciones comportándose como una figura electrogeométrica irregular en el espacio.

Se considera su aplicación reservada en casos no factible de no poder hacer la puesta a tierra por dificultad del terreno. En la figura n° 41 se observa como varía la fase (°) de la impedancia en función de la frecuencia.

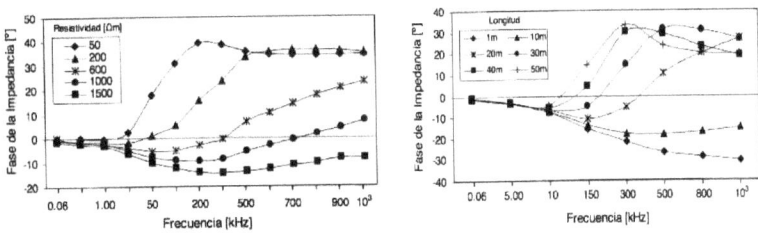

Figura n° 41 Variación de la impedancia de un contrapeso en función de la frecuencia

Clasificación de los sistemas de puesta a Tierra

Entre los distintos tipos de puesta a tierra se pueden mencionar:

• Puesta a tierra de servicio o funcional: Es la que mantiene controlado el potencial de tierra de alguna parte de los circuitos de alimentación, como ser los centros de estrella de generadores y transformadores.

• Puesta a tierra de protección: Consiste en la puesta a tierra de los elementos conductores que no pertenecen a la instalación eléctrica para brindar protección contra contactos indirectos; es decir que permite derivar las corrientes de falla peligrosas para las personas.

• Puesta a tierra de referencia: Es la destinada a brindar un potencial constante, que podrá ser empleado para tener una referencia a tierra de diversos equipos. Se emplea para garantizar el funcionamiento correcto, seguro y confiable de una instalación.

• Puesta a tierra de pararrayos: Es la encargada de llevar a tierra las sobretensiones producidas por las descargas atmosféricas sobre los descargadores y los pararrayos.

JAULA DE FARADAY

Este es un concepto muy importante porque muchos de los sistemas electrónicos necesitan un buen blindaje y/o apantallamiento para su buen funcionamiento, y de esa forma todos los campos interferentes no ingresen al recinto en cuestión y sean eliminados a tierra.

Una jaula de Faraday es un recinto metálico cerrado, se interpreta la idea como un cubo o prisma totalmente cerrado. Este sería la jaula perfecta como se ve en la figura n° 42 de la izquierda. En la figura n° 42 de la derecha, la jaula de Faraday está formada por una tela de alambre, no es perfecta pero ciertas componentes de ondas electromagnéticas no pasan y otras compo-

45

nentes de ondas electromagnéticas si pasan al interior a través de los denominados agujeros de Faraday.

Figura n° 42 Ejemplos de jaula de Faraday

En el caso de un edificio cuyo esqueleto es una estructura de hierro como se construye en muchas partes del mundo, o de hormigón armado (H°A°) cuya expresión indica que tiene canasto de hierros en su estructura, también hace de especie de jaula de Faraday más imperfecta.

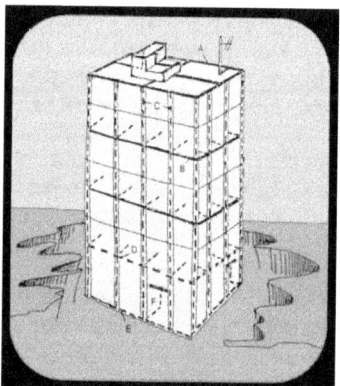

Figura n° 43 Estructura de hierro de un edificio

Existe un cálculo matemático para determinar que ondas pasan y que ondas no pasan en estas jaulas en función del tamaño de los retículos abiertos, muy utilizado en aplicaciones de electromedicina.

Para que funcione como tal, es decir como una jaula protectora, necesita estar enterrada por lo menos un tercio de su altura, de esta forma podrá drenar lo más eficientemente posible a tierra las interferencias EMI y RF. Otra forma es prolongar la estructura con los cimientos. Éste es el caso de los edificios de PH, y en caso más complejos una central nuclear.

PRINCIPIO DE EQUIPOTENCIALIZACIÓN

Este principio es muy importante ya que nos dice que toda parte metálica de una estructura debe estar al mismo potencial. Es decir que todos los elementos metálicos desde el hierro de la estructura, las cañerías metálicas existentes, marcos de aberturas, tanques, pararrayos y jabalinas o malla de puestas a tierra deben estar unidos mecánicamente y en la forma más rígida posible. De esa forma son una misma estructura mecánica unida y no hay diferencia de potencial entre sus extremos y se evita, ante un transitorio o falla a tierra, tensiones de paso y de contacto peligrosas para personas y equipamientos eléctricos – electrónicos.

Esto lo vemos representado en la figura n° 44, donde vincula la puesta a tierra del pararrayos, que dependiendo de la distancia puede estar unida directamente o a través de un filtro de choque (pasabajo). Además todos los circuitos deben llevar protectores de sobretensión para que descarguen a tierra un transitorio en forma simultánea y toda la instalación quede equipotencializado.

SISTEMA DE EQUIPOTENCIALIZACION

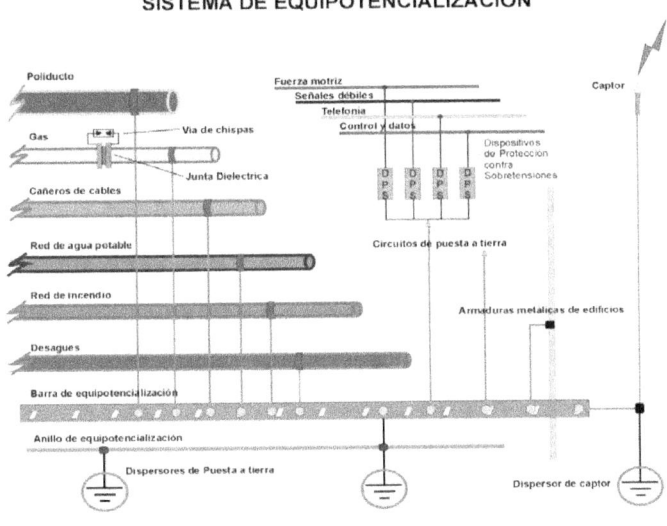

Figura n° 44

La tierra entonces debe ser única y equipotencializar todo, equipos y estructura. El problema se presenta en superficies grandes, ¿Cómo hace para que sea única? La solución es una malla perimetral con jabalinas distribuidas, entonces donde hace falta la tierra, se saca un pelo de la malla y se provee tierra al tablero o equipo con cable de sección adecuada para que traslade la propiedad de la tierra. El problema de llevarla varios metros por aire es que deja de ser una buena referencia de tierra, es decir, aparece la inductancia del cable y el acoplamiento. O sea se inducen todas las interferencias EMI y RF, más armónicos y campos si en la misma bandeja van cables de potencia.

En definitiva a la carga llega una tierra sucia. *"Todo lo que no es tierra, es antena"* para esto debe estar bien referenciado a tierra o sea salir del suelo. Si se va a conectar una lámpara o un motor no se tiene inconveniente por interferencias, si es electrónica no se va a cumplir con las normas y presentará numerosas fallas.

Figura nº 45 Ejemplo de equipotencialización

La figura nº 45 muestra el principio de equipotencialización donde se vinculan todas las partes y estructuras. Las partes enterradas se vinculan con soldadura cuproaluminotérmica o soldadura en frío, no se puede vincular con morsetos o grampas peines si van a quedar enterradas como señala la norma IRAM.

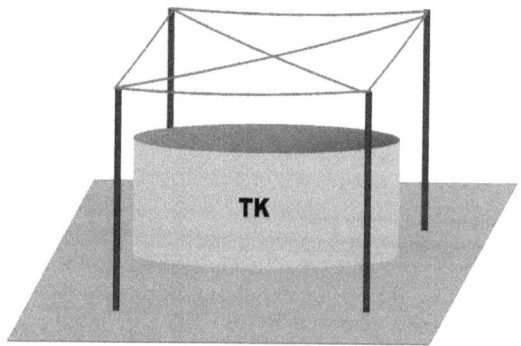

Figura nº 46 Protección de Melsen

Otro ejemplo de aplicación es la protección Melsen, como se observa en la figura nº 46. La equipotencialización sube desde el suelo con las columnas y se cruza con cables de acero. Debajo tenemos tanques o depósitos de combustibles, de productos químicos inflamables, de explosivos, etc. Todo debe estar vinculado mediante cable de cobre desnudo. Se cumplen especificaciones especiales dadas por distintos organismos o instituciones.

Por razones de seguridad eléctrica y seguridad en el trabajo y con el objeto de evitar descargas eléctricas, riesgos de daños o fuego en el equipo en condiciones de funcionamiento normales y con fallos en el mismo, en la red de distribución o cuando se utilizan generadores de emergencia, se sugieren las siguientes configuraciones de malla de puesta a tierra dentro de un edificio como puede ser de telecomunicaciones como se observa en la figura n° 47.

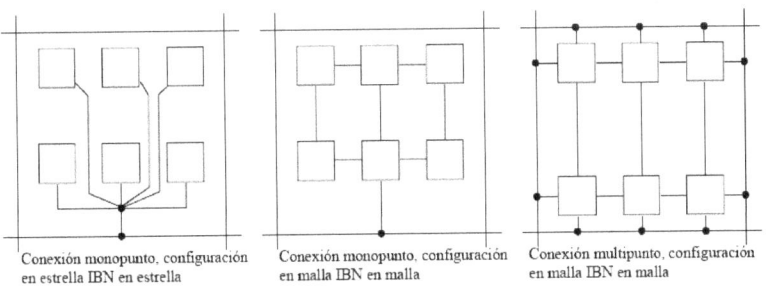

Conexión monopunto, configuración en estrella IBN en estrella

Conexión monopunto, configuración en malla IBN en malla

Conexión multipunto, configuración en malla IBN en malla

Figura n° 47 Configuraciones para dar continuidad a la tierra

Cuando se protege al equipo contra el rayo, la continuidad eléctrica equipotencial tiene la más alta prioridad. El objetivo de esta continuidad eléctrica es evitar daños por descargas a los equipos. La continuidad eléctrica equipotencial al plano de tierra se puede establecer a través de dispositivos de protección.

En la figura n° 48 se observa un ejemplo de equipotencialización de una sala de comunicaciones.

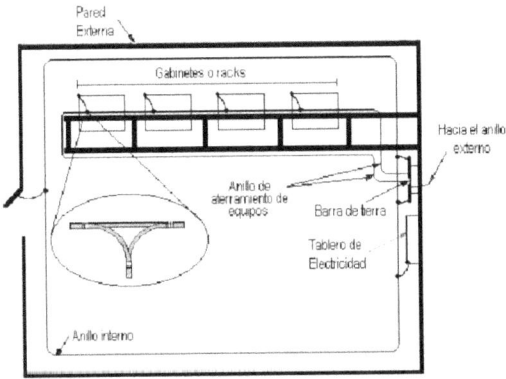

Figura n° 48 Equipotencialización de una sala de comunicaciones y servidores

Existe un solo sistema de puesta a tierra para una instalación. No se permiten electrodos de tierra separadas que no estén conectadas al sistema de tierra principal.

En el caso de cumplir con normas de compatibilidad electromagnética, se debe tener en cuenta una serie de especificaciones como sección del conducto de tierra, radios de curvatura, blindaje, conductor por montante, etc.

ACTIVIDAD

Temario propuesto para debate y resolución

1. Defina que se entiende por una puesta a tierra y como está formada.

2. Investigue cuantas configuraciones de puesta a tierra existen.

3. ¿Qué se entiende por suelo eléctricamente neutro?

4. ¿Cuál es el valor óhmico aceptable para la puesta a tierra de una instalación industrial?

5. ¿Cuál es el valor óhmico aceptable para la puesta a tierra de un pararrayos?

6. ¿Cuántas clases de conducción existen en el suelo?

7. ¿A que denominamos hemisferio crítico en un electrodo implantado?

8. Explique el principio de equipotencialización. ¿Cuándo se usa?

9. ¿Qué beneficios tiene una jaula de Faraday y cuando se usa?

10. ¿Cuándo se usa cable de cobre desnudo y cuando se usa cable bicolor?

11. Analice la figura 23 y explique cuál es la distancia máxima que se pueden separar los electrodos con cable de cobre enterrado.

12. Indique si está bien realizada la instalación de puesta a tierra de la figura. En cualquier caso explique porqué y como lo haría.

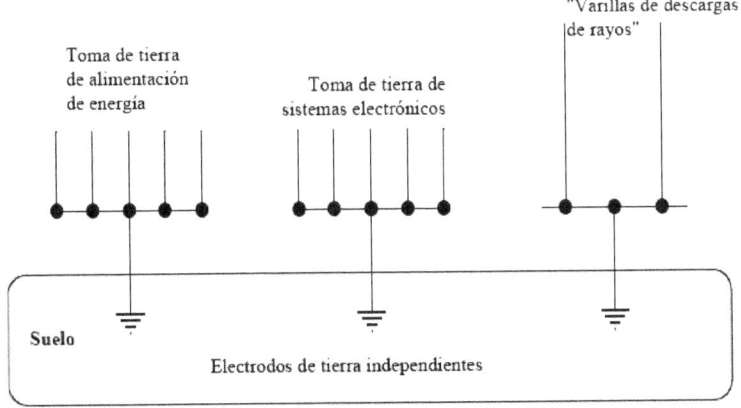

13. Investigue los regímenes del neutro existentes y la relación con los sistemas de puestas a tierra.

14. ¿Por qué el régimen T-NC no se usa en nuestro país?

4
EVOLUCIÓN DE LAS PUESTAS A TIERRA

1. Con los inicios del uso de la electricidad y las comunicaciones como eran los sistemas de telégrafos de principios del siglo XX, se comenzó utilizando dos o más cables para llevar la señal y el retorno de las corrientes. El científico alemán Steinheil en 1883 descubrió que la tierra podía usarse como camino de retorno para cerrar el circuito eléctrico, de esta forma no era necesario el cable de retorno, lo cual era un ahorro importante de metal dada la distancia entre los pueblos.

Aquí comenzaron los primeros problemas ya que había que aterrizar el cable del retorno y se utilizaron diversos materiales metálicos con muy distintos resultados. Por un lado el clima seco desarrollaba una alta resistencia de puesta a tierra como le sucedió a la línea de telégrafos transcontinental construida en 1861 por la Western Union Company uniendo San José en Missouri con Sacramento California. Surgían interferencias en las comunicaciones y se cortaban. Se comenzó a verter agua en las puestas a tierra para bajar su valor óhmico y mantenerlas. Aquí apareció por otro lado el problema de la oxidación como ya vimos en capítulos anteriores.

Posteriormente con la aparición de la telefonía reemplazando a la telegrafía, se encontraron con problemas graves de interferencias y corrientes inducidas en el suelo por otros aparatos, el ferrocarril y los relámpagos. Se vieron obligados a volver al uso de los dos hilos y no más retorno por tierra.

En 1918 C. S. Peters presentó a la U.S. Bureu of Standar el "technical paper n° 108", un instructivo sobre la integración de la puesta a tierra en los sistemas eléctricos.

En el año 1924 la Asociación Electrotécnica Alemana (VDE) normalizó el dimensionamiento de las instalaciones de puesta a tierra.

Recién en 1928 fue Franz Ollendorf quien publicó el primer tratado sobre puesta a tierra en Berlín. Se llamó *"Erdstroeme:* corrientes telúricas*"*. Es el primer libro que trata en forma sistemática científica mediante geología, electrotecnia y matemática la ingeniería de la puesta a tierra incluyendo alta frecuencia, con vigencia hasta nuestros días.

2. En los inicios del siglo XX, ya en la década del 20' se utilizaban los electrodos cilíndricos macizos y huecos en forma de pipa, a los cuales se les agregaba agua. Sus medidas eran de 2 metros de largo y ½" o ¾" de diámetro y de distintos tipos de materiales ferrosos y no ferrosos. Las recomendaciones de instalación de esa época era colocar más jabalinas en paralelo a una distancia de separación entre sí no mayor de 1.5 metros para no superar los 25 Ohms recomendados.

También se usaron receptáculos metálicos con distintas formas y tipos de materiales enterrados.

Tales tipos de electrodos se siguen usando hasta la fecha, y ya se sabe mejor su alcance y limitación.

La norma IRAM 2281 recoge todos los elementos metálicos factibles que se utilizaron y se utilizan, e incluye todas las configuraciones y formas posibles de armar sin distinción del tipo de metal elegido con el fin de alcanzar el objetivo: lograr una puesta a tierra de referencia. Así podemos hablar de perfil tubular hueco o macizo, perfil en L ó en T ó en U, placas, esferas, hilos conductores enterrados, etc.

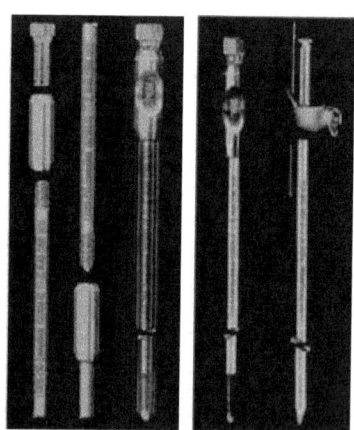

Figura n° 49 Electrodos tipos "rod" o "varilla cilindrica"

3. Luego se inventaron los electrodos tubulares acoplables o enroscables, es decir, que se pueden prologar y enterrar varios metros a presión o golpes, así se pueden conseguir hasta 30 metros de profundidad. Siempre deben ser del mismo material.

Presentan una rosca laminada en cada extremo para poder unirlas entre sí. Esta unión se efectúa con manguitos de acople. De esta manera se pueden hacer puestas a tierra más profundas colocando una jabalina a continuación de otra. Los manguitos de acople están hechos de bronce resistente, roscados, para calzar justo en las jabalinas acoplables. Las sufrideras se usan para resistir los golpes del martillo al ser enterradas, evitando la deformación de la rosca. Para enterrar jabalinas acoplables, el manguito se atornilla fuertemente en el extremo sin punta de la primera sección, y la sufridera se atornilla al manguito. Se entierra la primera sección, se retira la sufridera del manguito, y se agregan tantos tramos como sean necesarios hasta lograr la resistencia eléctrica de puesta a tierra necesaria. Cada tramo tiene una longitud que va desde 1 m a 3,5 m, y con un diámetro que varía desde 3/8" hasta 6/8".

Con este método no se consigue valores de puesta a tierra proporcionales a su longitud, es decir no disminuye en forma lineal la resistencia con los metros de profundidad enterrados, tal es así que pasada una cierta longitud es muy baja la disminución del valor óhmico alcanzado, y es totalmente anti-económico.

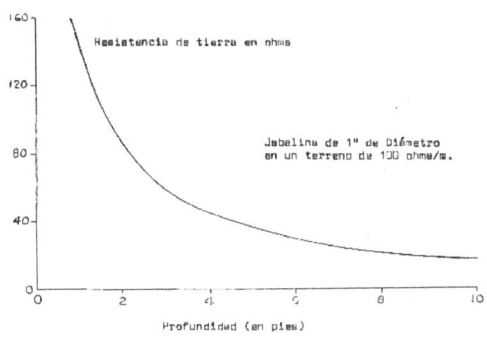

Figura n° 50 Influencia del largo de la jabalina

A esto hay que agregarle el inconveniente de implantarlo derecho y que no se destruya para lo cual hay que aumentar la sección tubular para obtener mayor rigidez. Y nuevamente el aumento de sección no es inversamente proporcional a la disminución de la resistencia de contacto.

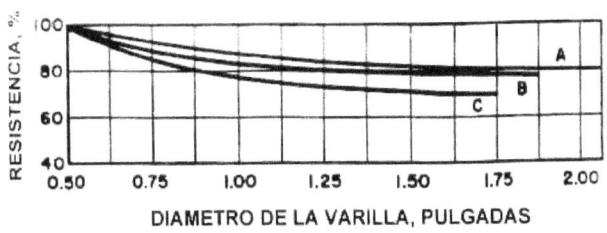

Figura n° 51. Variación de la resistencia en % en función del diámetro de la varilla en pulgadas

En tres pruebas realizadas con una misma sección de varilla inicial de ½" y a medida que se aumenta la sección, la variación de la resistencia no es significativa, fig. nº 51. Solo cuando se pasa de un diámetro de 0.50 "a 1 " hay una mejora del 20% de la resistividad pero con un aumento del volumen y costo de material del 400%

Recordemos que en suelo rocosos se dañan los electrodos al clavarlos, mientras que en suelos húmedos el pH ácido lo corroe más rápidamente. Por último no es factible realizar mantenimiento en este tipo de electrodo.

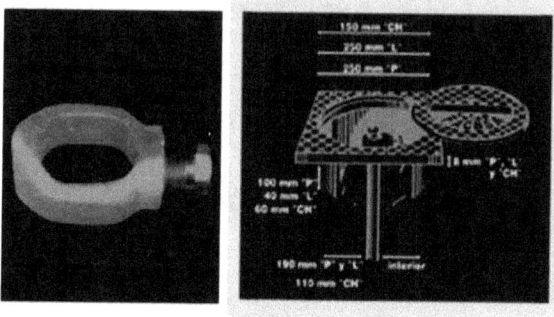

Figura nº 52 Tomacable y tapa de inspección

4. Luego aparecieron los mejoradores de suelo, el agregado de compuestos diversos para preparar el terreno donde se implantaba la jabalina a fin de conseguir bajar la resistividad del terreno. Tales compuestos usados eran sales como cloruro de sodio, otros como carbonilla, bentonita, etc.

Pues todos estos compuestos mejoraban el valor de la resistividad del terreno bajándola ya que aportaban iones para conducir la corriente. El inconveniente presentado es la electrólisis que se produce en el suelo. En condiciones normales sin compuestos en el suelo, después de unos años, termina sulfatándose el electrodo y sus conexiones. Con el uso de mejoradores de suelo que contienen sales, agreden más rápidamente al electrodo oxidándolo, acortando su vida útil en la mayoría de los casos en meses. Se deja expresamente claro que no se debe usar cualquier compuesto para mejorar el suelo ya que puede contaminar capas freáticas.

5. Otra opción que se utilizaba era hacer una perforación para llegar a las napas de aguas con las mismas consideraciones. Es decir, los electrodos acoplables deben llegar a una napa de agua. Después de un tiempo en contacto con el agua, el resultado es similar a lo ya descripto, pues el agua contiene minerales y se tiene una conducción electrolítica que a su vez corroe el metal y con el tiempo el valor óhmico sube considerablemente. Para prolongar su vida útil se suele usar caño de acero inoxidable. Es una instalación muy costosa. Se usa por ejemplo en laboratorios de MT y AT.

6. Hoy en día el electrodo más utilizado es la varilla de acero – cobre bajo norma IRAM 2309 – 01. Dicha norma establece la obligación que el material tenga grabados el nombre del fabricante o marca, el modelo año de fabricación y número de la forma a que responde. Asimismo, es fundamental tener en cuenta la ley nacional de Seguridad e Higiene en el trabajo, la cual establece la obligación de realizar las instalaciones eléctricas de acuerdo a la "Reglamentación para la ejecución de Instalaciones Eléctricas en Inmuebles" de la A.E.A. También aclara que dar cumplimiento a esta Reglamentación significa la utilización de materiales que respondan a las Normas IRAM o I.E.C.

Sus características son:

- CONEXIÓN COBRE CON COBRE: Esto elimina metales distintos en contacto, corrosión y conexiones eléctricas inseguras.

- ALMA DE ACERO DE GRAN RESISTENCIA: Todas las jabalinas bajo norma IRAM 2309 están construidas con acero trefilado, para obtener más resistencia y rigidez. Esto permite enterrarlas directamente en el terreno sin perforación previa.

- PERFECTA UNIÓN COBRE-ACERO: El cobre exterior está perfectamente unido al alma de acero, comportándose mecánicamente como un sólo metal. Se elimina así, la posibilidad de corrosión electroquímica.

- EXTREMO EN PUNTA: El extremo inferior de las jabalinas es aguzado. La punta se saca en frío, pues preserva la dureza y resistencia de la misma.

Estas jabalinas de acero cobre de hincado directo han reemplazado prácticamente a todos los otros métodos y materiales. Las razones más importantes son:

- Económicas para instalar.

- Seguridad en las instalaciones eléctricas.

- Fáciles de inspeccionar y controlar.

Tienen como ventaja adicional, disminuir fácilmente la resistencia eléctrica a tierra; mediante el agregado de jabalinas en paralelo, el empleo de jabalinas seccionales o en última instancia, el tratamiento químico del suelo. Las jabalinas poseen una sólida e inseparable capa exterior de cobre que las protege contra la corrosión y les da una excelente conductividad eléctrica. Esta capa forma un sólo cuerpo con su alma de acero de alta resistencia. Es fundamental tener presente que, a diferencia del acero galvanizado, el cobre es el metal no precioso que mejor se comporta ante la corrosión bajo suelo. El acero da la rigidez necesaria, para que puedan ser enterradas fácilmente con un martillo liviano, con martinetes manuales, mecánicos o neumaticos o con cualquier otro método conveniente.

El espesor del recubrimiento de cobre es importante cuando se trata de perforar la varilla y cuando ésta se coloca en suelo ácido. Al insertar la varilla en un suelo rocoso se puede raspar el cobre y se oxidará. El óxido de hierro, no es conductor cuando está seco, pero es buen conductor cuando se moja. En lugares donde el suelo es muy ácido como por ejemplo áreas verdes, el cobre es muy atacado.

Cuanto más grueso sea el recubrimiento de cobre sobre el alma de acero, mayor será la duración de la varilla.

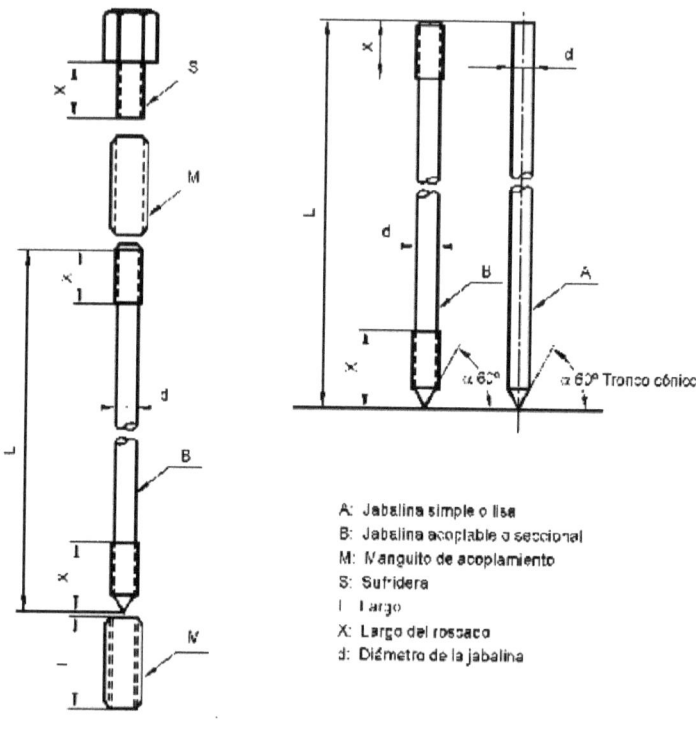

A: Jabalina simple o lisa
B: Jabalina acoplable o seccional
M: Manguito de acoplamiento
S: Sufridera
l: Largo
X: Largo del roscado
d: Diámetro de la jabalina

Figura n° 53 Esquema Jabalinas acoplables de acero cobre IRAM 2309

Tiene como desventaja la falta de un buen contacto del cable de cobre que viene de la instalación con el tomacable. El tornillo del toma cable hace de prisionero y no tiene buena superficie de contacto con la varilla. A esto se suma su oxidación con el tiempo por estar en contacto con la tierra, humedad y sales, trayendo con el tiempo el aumento de la resistencia de la puesta a tierra, las cuales generalmente no tienen mantenimiento.

7. Con el tiempo se utilizaron electrodos o jabalinas de mejor material metálico como acero inoxidable. Se fabrican varillas con alma de hierro y un revestimiento galvanizado o de acero inoxidable. Pueden ser tubulares lisas o trenzadas. Sus dimensiones son similares a las de acero cobre. Su costo es razonablemente superior a las de cobre. Su comportamiento es sensiblemente superior al cobre. Es apto para suelos con alto contenido de sulfuros y gran agresividad química que corroe al cobre y al hierro – carbono en muy poco tiempo. Este tipo de varilla es importada.

En el país se fabrica la jabalina de acero cincado bajo norma IRAM 2310 con resultados respecto de la corrosión de acuerdo a ensayo poco favorable.

8. Cuando se hace una nueva construcción, no se aprovecha las ventajas de lo que se conoce como puesta a tierra UFER. Esta técnica reduce de manera importante la impedancia general del sistema.

Herbert Ufer, de quien recibe su nombre esta técnica, trabajó como consejero para el ejército de los Estados Unidos durante la segunda guerra mundial. El ejército necesitaba poner a tierra las bóvedas de almacenamiento de bombas en la zona de Flagstaff, Arizona. Como no contaban con un sistema bajo el agua y la lluvia anual era escasa, al ingeniero Ufer se le ocurrió emplear como tierra unas varillas de refuerzo de acero ahogadas en cimientos de concreto. Después de mucha investigación y muchas pruebas, se encontró que un cable de tierra no menor de 4 AWG (22 mm2), embutido a lo largo del zócalo de un cimiento de concreto y en contacto directo con la tierra produce una tierra de baja resistencia. La longitud dentro del concreto es importante. Por lo general, un conductor que corra 6 metros (3 metros en cada dirección) a lo largo del concreto proporciona una tierra de 5 Ohm en un suelo de 1000 ohm-metro.

En la década de los sesentas, se realizaron pruebas en diversos lugares de los Estados Unidos y se obtuvieron resultados tan buenos que la National Fire Protection Association, en su National Electric Code (NEC) de 1968 reconoció el electrodo de concreto armado. Estos electrodos consisten en utilizar en las estructuras nuevas, el conjunto acero de refuerzo y el concreto como el electrodo, siempre y cuando durante el proceso constructivo la puesta a tierra se suelde al acero de refuerzo.

El cimiento como electrodo de puesta a tierra ya está reconocido por la norma IEC 62305 y en IRAM 2184 – 1, apartado 1.3, donde habla del hormigón armado el cual asegura la continuidad eléctrica si se cumplen los requisitos establecidos por el reglamento del CIRSOC tomo II capitulo 18 "Proyecto, Calculo y ejecución de las estructuras de hormigón armado".

El concreto absorbe agua del ambiente (propiedad higroscópica) y tiene una estructura ligeramente alcalina. La combinación de estas características provee iones libres que permiten al concreto tener una resistividad de varía en el ámbito de 30 a 90 Ω-m, dependiendo del contenido de humedad.

Las normas y reglamentaciones ya piden que se coloque un hierro de refuerzo en vigas y columnas que servirá para las descargas atmosféricas.

Por otra parte ya se puede incluir la malla de puesta a tierra de cobre (o acero – cobre) dentro del hormigón y vinculada al hierro, así solamente sobresalen pelos de cobre alrededor de la estructura. La ventaja de este sistema es la mayor vida útil del cobre dentro del hormigón. La desventaja es el par galvánico que forma con el CU con el FE.

Esquema de conexión a armaduras

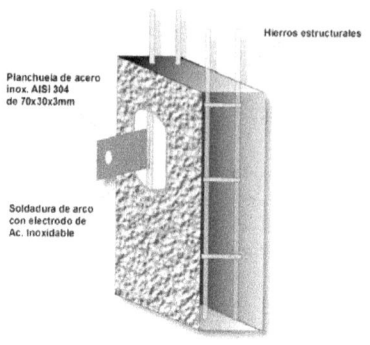

Figura n° 54 Soldadura a la estructura

El concreto como un medio circundante del electrodo para tener una buena resistencia de puesta a tierra es referenciado en la IEEE 80, IEEE 142, ANSI/IEEE C2 NEC y la ANSI/NFPA 70 NEC. El NEC lo tiene como parte de un electrodo existente o cuando se hace necesario utilizarlo en nuevas instalaciones. Este se puede utilizar en cualquier tipo de geometría del electrodo. El electrodo no debe estar aislado del suelo. La profundidad a la superficie del suelo no debe ser menor a 300mm y una profundidad máxima de 750 mm. El electrodo debe estar embebido al menos 50 mm de concreto.

Cuando el suelo es pantanoso (inestable) es recomendable usar el concreto con una resistividad de un rango entre 30 a 90 ohmios-metros. El concreto es un material higroscópico por naturaleza que tiende absorber la humedad y retenerla máximo por 30 días en periodos secos o falta de lluvia.

Cuando se trata de una instalación muy importante como centrales eléctricas, hospitales y centro de alta complejidad seguridad y/o larga vida, no se utiliza el hierro estructural y se coloca un hierro de refuerzo en toda la estructura. A su vez la malla de cobre embebida en el mismo cimiento se la vincula con este hierro de refuerzo y no al estructural, de esta forma se confina al par galvánico y se protege al hormigón armado.

El cemento conductivo utilizado debe ser de buena conductividad tal como lo establece la tabla 1 de la ASTM C1202 *"Standard test method for electical indication of concretes ability to resist cloride ion penetration"*. El cemento es del tipo PORTLAND el cual contiene óxido de calcio que combinado con el agua no permite formaciones arcillosas o sales. El cemento conductivo cuando está bien saturado de agua tiene una resistividad de 20 a 50 ohmios-cm.

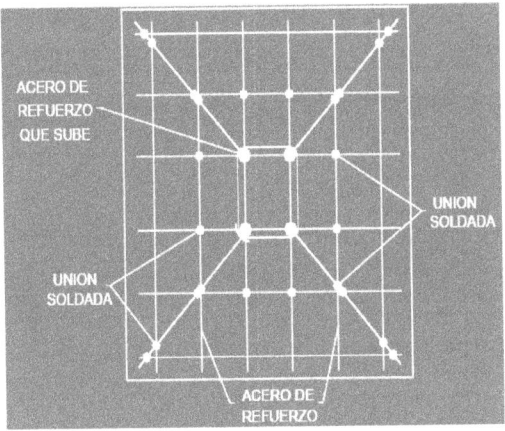

Fig. nº 55 Acero de refuerzo en hormigón

El criterio de las normas es que la tierra Ufer siempre se debe emplear para aumentar su sistema de puesta a tierra y no ser el sistema en si mismo. La jabalina o malla de cobre se debe construir e implantar igualmente.

Como dato de medición obtenido de la práctica, el valor de puesta a tierra que arroja la estructura de un edificio o de una fábrica que tenga cimiento oscila alrededor de 1 Ohm.

Además los electrodos de puesta a tierra de concreto reforzado proveen varias ventajas, entre ellas:

• Vida útil amplia

• Mejora el perfil de seguridad de los sistemas de puesta a tierra al ser estable y eficiente

• Es un método que no necesita de monitoreo permanente

• Logra estabilizar los voltajes fase a tierra bajo condiciones de régimen permanente

• Proporciona una trayectoria de baja impedancia para las corrientes inducidas, de tal forma que minimiza el ruido eléctrico y las distorsiones de onda

• Se puede instalar fácilmente en todo tipo de terreno

• Se puede instalar fácilmente en todo tipo de clima

• La rentabilidad en referencia a costos es superior a colocar una malla de puesta a tierra, pues ocupa simplemente un conector y no una estructura de acero adicional

- Evita el robo de varillas y cables portantes instalados en sistemas de puesta a tierra

- Evita el seccionamiento o interrupción de los conductores

- Las cimentaciones abarcan una área grande, lo que facilita la dispersión de corriente

- El peso de la misma estructura, garantiza un adecuado contacto con el terreno.

- Existe gran cantidad de acero dentro de las fundaciones, aparte del de las varillas, lo que disminuye la resistencia de puesta a tierra

- El concreto sirve como aditivo reductor de la resistencia de puesta a tierra

- El concreto brinda protección contra la corrosión a las barras de acero lo que ahorra en protección catódica.

Utilizar los elementos metálicos existentes en una construcción como lo son el acero y el concreto, como electrodos de puesta a tierra tienen excelentes resultados, baja resistencia y larga vida.

El método de Ufer tiene la gran desventaja de permitir que corrientes parasitarias, circundantes o vagabundas ingresen a las instalaciones por la propia tierra. En los lugares donde es posible que caigan descargas atmosféricas en el sistema de tierras con electrodos de concreto, éstos deben complementarse con electrodos de otro tipo, para que las grandes corrientes debidas a esas descargas no causen ningún daño por fractura al evaporar muy rápidamente el agua presente en el concreto.

La frase «tierra aislada» ha sido interpretada equivocadamente como de una tierra separada, provocando en caso de falla precisamente un voltaje a tierra inseguro para las personas y para los equipos.

9. Normas actuales de materiales para puesta a tierra

Figura n° 56 Soldadura cuproaluminotérmica

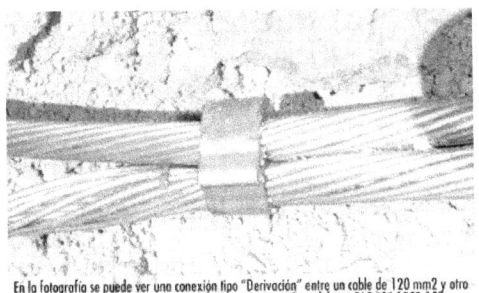

En la fotografía se puede ver una conexión tipo "Derivación" entre un cable de 120 mm2 y otro de 120 mm2, realizada con un Conector de Compresión en Frío, del tipo SAC "G" 1258-150.

Figura nº 57 Soldadura fría o por compresión

- IRAM 2309 Jabalinas de acero-cobre.

- IRAM 2310 Jabalinas de acero cincado.

- IRAM 2314 Jabalina electroquímica.

- IRAM 2315 Soldadura cuproaluminotérmica.

- IRAM 2316 Jabalina perfil L de acero cincado.

- IRAM 2317 Jabalina perfil cruz de acero cincado.

- IRAM 2443 Morsetería para puesta a tierra.

- IRAM 2449 Conectores a compresión.

- IRAM 2466 Alambres de acero-cobre.

- IRAM 2467 Cables de acero-cobre.

10. Ensayo de jabalina de acero cobreado y acero cincado

Extractamos a continuación un ensayo realizado a jabalinas del tipo varilla.

1.- ENSAYI DE RESISTENCIA A LA NIEBLA SALINA

Dos probetas de jabalinas – una de acero cobreada de un espesor de cobre de 330 micrones según norma IRAM 2309 y otra de acero cincada de un espesor de cinc de 101 micrones según norma IRAM 2310 – fueron sometidas a la acción de la niebla salina de cloruro de sodio la 5% según ASTM B 117.

La exposición fue contínua con controles cada 24 horas hasta la aparición de productos de corrosión del metal base en algunas de las dos probetas ensayadas.

La observación realizada durante el periodo de ensayo fueron las siguientes:

1.2 – Jabalina de acero – cobreada

a) A las 60 horas de exposición, se observó la apariencia de productos verdes de corrosión del recubrimiento.

b) A las 442 horas de exposición se dio por finalizado el ensayo sin observarse productos de corrosión del metal base.

1.3 – Jabalina de acero cincada

a) A las 24 horas de exposición, se observó productos blancos de corrosión del recubrimiento.

b) A las 418 horas de exposición se observaron productos ocre de corrosión del metal base dándose por finalizado el ensayo.

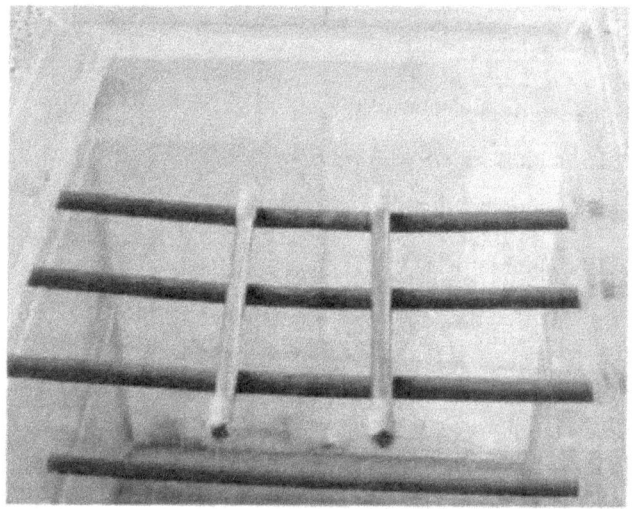

Figura n° 58 Jabalinas previo al ensayo

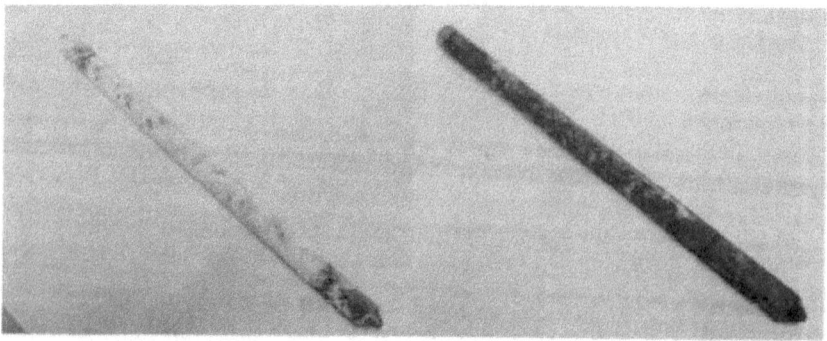

Figura n° 59 Jabalinas luego del ensayo

2. – ESTUDIO MICROSCOPICO DE LAS JABALINAS CORROIDAS

2.1. – Objeto

Determinar el espesor remanente del recubrimiento en las zonas corroídas y observar microscópicamente la seccón de las jabalinas.

2.2. – Jabalinas de acero cobre

Se extrajo una probeta del trozo de jabalina mediante un corte transversal, se lo pulió especularmente y se la observó con el microscópio metalográfico. El relevamiento no mostró evidencias del proceso corrosivos en el acero base. La cubierta de cobre posee un espesor conservado, inclusiveen las zonas donde presenta óxido cúprico. El espesor de cubierta de cobre oscila entre 310 y 327 micrones. La siguiente fotomicrografia (x200) muestra la sección estudiada.

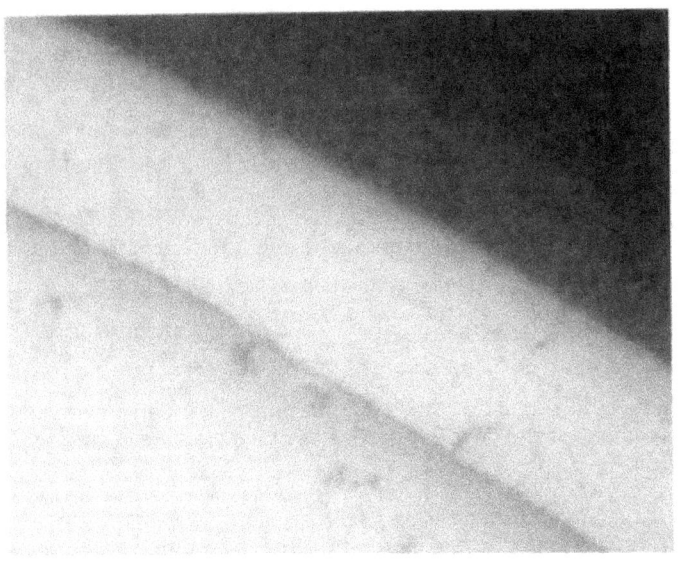

Figura n° 60 Microfotografía jabalina acero cobre

2.3. – Jabalina de acero cincada

Se extrajo una probeta del trozo de jabalina mediante un corte transversal, se lo pulió especularmente y se la observó con el microscopio metalográfico. El relevamiento detectó corrosión del acero base a través de grietas en el re-cubrimiento protector. Las grietas se ubican en las zonas que exteriormente presentan pústulas de color ocre. La fotomicrografia a continuación (x 800) muestra la zona corroída. El espesor de la cubierta oscila entre 68 y 91 mi-crones.

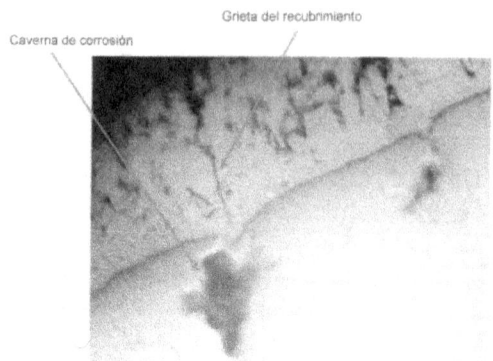

Figura nº 61 Microfotografia jabalina acero cincada

Además se realizan otros ensayos a las jabalinas como es ensayo de recepción y ensayos tipo (comprobación de medidas y rosca, derechura, espesor y adherencia de la capa de cobre o cinc, dureza del acero, resistencia mecánica).

11. Electrodo dinámico o jabalina eletroquímica. También denominado electrodo activo. Está formado por un tubo de cobre hueco con perforaciones a lo largo del mismo conteniendo pastillas con sales minerales. Un compuesto químico pastoso de alta conductividad actúa de interfase suelo-electrodo, en el lugar de la instalación.

Es un proceso electrolítico realimentado de alta eficiencia y duración en el tiempo.

Se utiliza en PAT de servicio y de protección de las instalaciones de alta, media y baja tensión, electrónica digital, electromedicina, telecomunicaciones, pararrayos, etc.

Por la baja impedancia que se logra con este sistema electrolítico, se utiliza donde se necesita dispersar corrientes pulsantes de altas frecuencias tanto en alta como baja tensión. Son para todo tipo de terrenos especialmente para los corrosivos y para altas resistividades.

Se desarrollará en la segunda parte *"in extenso"* este moderno sistema que presenta una vida útil de 25 años bajo norma IRAM 2314 y sus respectivos ensayos.

Existen otras versiones de puestas a tierra activas con sensores de humedad y una electrónica que monitorea permanentemente la resistividad, y ante una variación de humedad inyecta agua o algún mejorador líquido. Son sistemas muy costos y de alto mantenimiento.

ACTIVIDAD

Temario propuesto para debate y resolución

1) ¿Cómo surgió la necesidad de una puesta a tierra?

2) ¿Cuántas clases de jabalinas tipo varilla existen?

3) ¿Qué normas cumplen las jabalinas tipo varilla?

4) ¿Es necesario colocar tapa de inspección? Explique porque.

5) ¿Cómo está fabricada una jabalina bajo norma IRAM 2309?

6) ¿Qué se entiende por tierra Ufer? ¿Cuándo se usa?

7) ¿Cómo se hace una soldadura a la estructura?

8) ¿Qué ventaja tiene una tierra Ufer?

9) ¿Cómo se hace una soldadura cuproaluminotérmica?

10) ¿Cómo se hace una soldadura fría?

11) ¿Qué conclusiones obtiene del ensayo a niebla salina realizado sobre jabalinas de cobre y cinc?

12) Haga una cuba electrolítica. En un recipiente de vidrio coloque dos varillas, una de cobre y otra de hierro, por cada litro de agua 10 gramos de sal de cocina (ClNa). Monitoree con un voltímetro a cada hora durante 3 días. Haga un informe y saque las conclusiones del fenómeno ocurrido.

13) Investigue los diferentes ensayos que se realizan a los electrodos de puestas a tierra.

14) Realizar el esquema, el diagrama y listado de materiales necesarios para instalar el sistema de puesta a tierra a una residencia de 6x12 metros.

15) Realizar el esquema, el Diagrama y listado de materiales necesarios para la instalación del sistema puesta a tierra de 20 locales en un área de 60x80 mts.

5
CARACTERÍSTICAS EDAFOLÓGICAS DE LOS SUELOS

Los procesos de alteración mecánica y meteorización química de las rocas, determinan la formación de un manto de alteración o eluvión que, cuando por la acción de los mecanismos de transporte de laderas, es desplazado de su posición de origen, se denomina coluvión.

Sobre los materiales del coluvión, puede desarrollarse lo que comúnmente se conoce como suelo.

El suelo es un elemento dinámico y complejo con mucha actividad física química y biológica que nos afecta de distintas formas. Por ello es muy valioso conocer cómo interactúan los diferentes compuestos y elementos existentes entre sí y con los electrodos que introduciremos en él.

Para ello veremos distintos aspectos químicos y distintos tipos de suelos alterados por el coluvión. El coluvión origina en su seno una diferenciación vertical en niveles horizontales u horizontes. En estos procesos, los de carácter biológico y bioquímico llegan a adquirir una gran importancia, ya sea por la descomposición de los productos vegetales y su metabolismo, por los microorganismos y los animales zapadores.

El conjunto de disciplinas que se abocan al estudio del suelo se engloban en el conjunto denominado Ciencias del Suelo, aunque entre ellas predomina la edafología e incluso se usa el adjetivo edáfico para todo lo relativo al suelo.

Los diferentes tipos de suelo tienen origen en las características locales de los sistemas implicados – litología y relieve, clima y biota – y sus interacciones.

SUELO ALCALINO

Los suelos alcalinos son suelos arcillosos con pH elevado (>9), estructura pobre y densa, baja capacidad de infiltración y lenta permeabilidad. Poseen a menudo una capa calcárea compacta a una profundidad de 0.5 - 1 m. Son difíciles de trabajar y compactar.

Las propiedades físicas desfavorables de estos suelos se deben mayormente a la presencia de carbonato de sodio, que causa la expansión de la arcilla cuando están húmedos. Su nombre lo derivan del grupo de metales alcalinos al cual pertenece el sodio, que puede originar condiciones básicas. Los suelos alcalinos son el opuesto de los suelos sulfatados ácidos que tienen un pH < 5.

Los suelos alcalinos pueden nacer naturalmente o por intervención humana:

1) El origen natural se debe a la presencia de minerales que bajo condiciones climáticas se descomponen liberando el carbonato de sodio o soda (Na_2CO_3).

2) La intervención humana consiste en la aplicación de agua de riego con contenido relativamente alto de bicarbonato de sodio, de forma que el carbonato se disuelve.

La existencia de estos suelos alcalinos es muy alta, existen millones de hectáreas en el mundo. Presentan baja capacidad de infiltración de agua de lluvia que se estanca en la superficie.

Las partículas de arcilla en contacto con humedad del suelo poco salino experimentan una expansión y el suelo se hincha por dispersión. Este fenómeno tiene como consecuencia un empeoramiento de la estructura del suelo y especialmente compactamiento y costración de la capa superior. Por ello, la permeabilidad, o sea la conductividad hidráulica, se reduce, así como la capacidad de almacenamiento del agua y a la vez la disponibilidad de agua. La conductibilidad eléctrica empeora considerablemente ya que no hay iones disponibles.

En suelos salinos (más comúnmente ClNa), la gran cantidad de iones en la solución del suelo contrarresta la expansión de partículas de arcilla de manera que los suelos salinizados no tienen estructura desfavorable. En principio los suelos alcalinos no son salinos porque los problemas causados por la alcalinidad son más fuertes a medida que la salinidad se reduce y no hay iones disponibles.

Los problemas causados por alcalinidad se acentúan más en suelos de textura arcillosa que en los suelos limosos o arenosos. Los suelos arcillosos que contienen montmorillonita son más susceptibles a la alcalinidad que los conteniendo illita porque el primer mineral tiene una mayor superficie específica (la superficie total de las partículas por unidad de volumen) y por ello una mayor capacidad de intercambio iónico.

Algunos minerales arcillosos con casi 100% de sodio intercambiable (es decir casi saturado de sodio) se llaman bentonitas y se usan para construir cortinas impermeables en la tierra, por ejemplo por debajo de presas hidráulicas previniendo filtraciones del agua subterránea.

Este tipo de suelo debe ser tratado químicamente ya que su pH es muy superior a 7 y se lo debe llevar lo más cercano a 7.

Resumimos:

- Suelo ÁCIDO tiene un pH < 7.

- Suelo NEUTRO tiene un pH = a 7.

- Suelo BÁSICO o ALCALINO: pH > de 7.

Los suelos que generalmente estamos acostumbrados, son ligeramente ácidos entre 5.5 y 7.5. Esto se debe a que la característica general del suelo es que tiene principalmente cloruro de sodio y dispone de iones libres para su conducción.

¿Por qué es importante medir el pH del suelo? Porque dependiendo de los minerales que contenga y las sales disueltas nos dará las dos características más importantes del suelo: la conductibilidad y la agresividad química sobre nuestro electrodo implantado.

SUELO SULFATADO ÁCIDO

Los suelos sulfatados ácidos son suelos que existen en la naturaleza, sedimentos o substratos orgánicos (por ejemplo turba) que se forman bajo condiciones de inundación. Estos suelos contienen minerales de sulfuros de hierro (mineral pirita principalmente) o sus productos de oxidación. En estado no alterado por debajo de la tabla de agua, los suelos sulfatados ácidos son benignos. Sin embargo, si los suelos se drenan, se excavan o se exponen al aire por desplazamiento hacia abajo de la tabla de agua, los sulfuros reaccionarán con el oxígeno para formar ácido sulfúrico.

La liberación de ácido sulfúrico del suelo puede a su vez liberar hierro, aluminio, y otros metales pesados (particularmente arsénico) en el suelo por el lixiviado. Una vez movilizados de esta forma, el ácido y los metales pueden crear una gran variedad de impactos adversos: muerte de la vegetación, filtración en el agua subterránea con posterior acidificación de la misma y de otros cuerpos de agua, muerte de peces y de otros organismos acuáticos, y degradación de las mallas de cobre y su jabalinas y hasta de las estructuras de hormigón y acero a tal punto de provocarles un fallo estructural.

Los suelos sulfatados ácidos, que tienen un pH < 5, son contrapartidas de los suelos alcalinos que tienen un pH > 9.

Los suelos sulfatados ácidos están distribuidos por todas las regiones costeras (favorecidos por salinidad marina), y también están localmente asociados a tierras húmedas de agua dulce y a suelos salinos ricos en sulfatos en algunas zonas agrícolas.

La agresividad de estos terrenos es tan alta que en muy poco tiempo, unos meses, se corroe el cobre y más rápido aun el hierro. Se debe tener especial cuidado con electrodos de cinc en este tipo de terreno por su corta vida. Por esta misma razón, electrodos de aluminio están prohibidos.

Figura n° 62 Ataque fuerte del suelo en base de pilar

En general un exceso de sales es perjudicial para los metales puesto por el hombre. Las sales pueden, también, dificultar la penetración de agua en el suelo y aumentar la aparición de compactación superficial.

BIODEGRADABILIDAD EN SUELO

Entendemos por biodegradabilidad al producto o sustancia que puede descomponerse en sus elementos químicos básicos que lo forman debida a la acción de agentes biológicos, como plantas, animales, microorganismos y hongos, bajo condiciones ambientales naturales. No todas las sustancias son biodegradables bajo condiciones ambientales naturales, a dichas sustancias se les llama sustancias recalcitrantes. La velocidad de biodegradación de las sustancias depende de varios factores, principalmente de la estabilidad que presenta su molécula, del medio en el que se encuentran que les permite estar biodisponibles para los agentes biológicos y de las enzimas de dichos agentes.

La biodegradación es la característica de algunas sustancias químicas de poder ser utilizadas como sustrato por microorganismos, que las emplean para producir energía (por respiración celular) y crear otras sustancias como aminoácidos, nuevos tejidos y nuevos organismos. Puede emplearse en la eliminación de ciertos contaminantes como los desechos orgánicos urbanos, papel, hidrocarburos, etc. No obstante en vertidos que presenten materia biodegradable estos tratamientos pueden no ser efectivos si nos encontramos con otras sustancias como metales pesados, o si el medio tiene un pH extremo. En estos casos se hace necesario un tratamiento previo que deje el vertido en unas condiciones en la que las bacterias puedan realizar su función a una velocidad aceptable.

Los términos biodegradación, materiales biodegradables, compostabilidad, etc., son muy comunes pero frecuentemente mal utilizados y fuente de equívocos.

Biodegradabilidad, o sea la conversión metabólica del material compostable en anhídrido carbónico. Esta propiedad puede medirse con un método de prueba estándar, el método EN 14.046 (publicado también como ISO 14885. biodegradabilidad en condiciones de compostaje controlado). El nivel de aceptación es igual a 90% y se tiene que alcanzar durante menos de 6 meses.

Figura nº 63 Humus

Todos los desechos orgánicos se degradan en días, fibras y telas en meses, maderas en pocos años. El problema surge en los plásticos, casi todos los tipos de plásticos demora de ciento a miles de años, prácticamente no son biodegradables.

¿Porque nos interesa el concepto de biodegradabilidad?

Pues cuando usamos mejoradores de suelo como sales, carbonilla, bentonita, gels, etc., es muy importante saber que sucede con ellos en el tiempo y como responde el entorno hacia ellos respecto de su vida útil (comportamiento geobiológico) y su conductividad eléctrica (comportamiento geofísico). Deberían presentar una estabilidad en el tiempo y una vida útil de varios años.

LIXIVIACIÓN EN SUELO

La lixiviación, o extracción sólido-liquido, es un proceso en el que un disolvente líquido se pone en contacto con un sólido pulverizado para que se produzca la disolución de uno de los componentes del sólido.

La lixiviación es un proceso por el cual se extrae uno o varios solutos de un sólido, mediante la utilización de un disolvente líquido. Ambas fases entran en contacto íntimo y el soluto o los solutos pueden difundirse desde el sólido a la fase líquida, lo que produce una separación de los componentes originales del sólido.

En la ciencia geológica se entiende como lixiviación al proceso de lavado de un estrato de terreno o capa geológica por el agua. Como también por placas ácidas encontradas en las sales que disuelven casi cualquier material sólido.

El ataque por lixiviado se debe al poder de disolución de las aguas puras o carbónicas de aquellos compuestos solubles del hormigón. También se puede producir por el ataque de aguas ácidas (su agresividad depende de su pH y contenido de CO_2).

La biolixiviación es el proceso en el que se da la lixiviación asistida por microorganismos, que cumplen el rol de catalizadores. La biolixiviación es una técnica usada para la recuperación de metales como cobre, plata y oro entre otros. Esta última aplicación también es conocida como biohidrometalurgia.

ARCILLAS

Se entiende por arcillas a un grupo de minerales como filosilicatos en su mayor parte, cuyas propiedades físico – químicas dependen de s estructura y de su tamaño de grano, muy fino 2 μm.

Una arcilla es un material sedimentario que cuando se mezcla con agua en la cantidad adecuada se convierte en una pasta plástica. Desde el punto de vista económico las arcillas son un grupo de minerales industriales con diferentes características mineralógicas y genéticas y con distintas propiedades tecnológicas y aplicaciones.

Las arcillas son constituyentes esenciales de gran parte de los suelos y sedimentos debido a que son, en su mayor parte, productos finales de la meteorización de los silicatos que, formados a mayores presiones y temperaturas, en el medio exógeno se hidrolizan.

Las propiedades físico – químicas más importantes son:

a) Su extremadamente pequeño tamaño de partícula (inferior a 2 mm)

b) Su morfología laminar (filosilicatos)

c) Las sustituciones isomórficas, que dan lugar a la aparición de carga en las láminas y a la presencia de cationes débilmente ligados en el espacio interlaminar.

Como consecuencia de estos factores, presentan, por una parte, un valor elevado del área superficial y, a la vez, la presencia de una gran cantidad de superficie activa, con enlaces no saturados. Por ello pueden interaccionar con muy diversas sustancias, en especial compuestos polares, por lo que tienen comportamiento plástico en mezclas arcilla-agua con elevada proporción sólido/líquido y son capaces en algunos casos de hincharse, con el desarrollo de propiedades reológicas en suspensiones acuosas.

Además, la existencia de carga en las láminas se compensa, como ya se ha citado, con la entrada en el espacio interlaminar de cationes débilmente ligados y con estado variable de hidratación, que pueden ser intercambiados fácilmente mediante la puesta en contacto de la arcilla con una solución saturada en otros cationes, a esta propiedad se la conoce como capacidad de intercambio catiónico y es también la base de multitud de aplicaciones industriales.

Existe una gran variedad de arcillas según los filosilicatos que contengan como illita, esmectita y otros que se utilizan para materiales de construcción y agregados.

Las arcillas especiales están constituidas por un solo tipo de arcillas.

Las arcillas especiales se pueden dividir en caolines y arcillas caoliníferas; y bentonitas, sepiolita y paligorskita.

BENTONITAS

Una bentonita es una roca compuesta esencialmente por minerales del grupo de las esmectitas, independientemente de cualquier connotación genética.

Es una arcilla a base de silicato de aluminio hidratado, derivado de las cenizas volcánicas, con la arcilla mineral tipo montmorillonita como su principal constituyente. Se utilizará cuando el contenido de humedad por peso de los suelos es menor al 20%, cuando el porcentaje de humedad este entre 15 y 20% se recomienda la bentonita cálcica, cuando es menor a 15%, se utiliza la tipo sódica (aquellas que se expanden enormemente cuando se mezcla con agua).

Así los criterios de clasificación utilizados por la industria se basan en su comportamiento y propiedades físico-químicas; así la clasificación industrial más aceptada establece tipos de bentonitas en función de su capacidad de hinchamiento en agua:

   * Bentonitas altamente hinchables o sódicas

   * Bentonitas poco hinchables o cálcicas

   * Bentonitas moderadamente hinchables o intermedias

El término fuller'earth, también conocidas en español como tierras de batán, los ingleses lo usan para denominar a arcillas constituidas fundamentalmente por montmorillonita con Ca como catión de cambio, mientras que los americanos se lo dan a arcillas paligorskíticas. A las bentonitas cálcicas que los ingleses denominan fuller'earth, los americanos las llaman bentonitas no hinchables.

La arcilla tipo bentonita deberá tener una resistividad entre 2.5 ohmios-metros a 300% de humedad, siendo este porcentaje de humedad como la relación del peso del agua/peso de la bentonita multiplicado por 100. Deberá retener la humedad hasta 120 días durante los períodos de verano intenso, por tal razón el rango de expansión máximo deberá ser de 250 para evitar que en temporadas secas la bentonita no se contraiga afectando la resistencia de puesta a tierra al no quedar el electrodo sin relleno o suelo. La baja resistividad de la bentonita es el resultado del electrolito formado por la adición del agua, donde el agua de por sí en su estructura química permite la soda, potasio, y lima CaO, magnesio y otras sales minerales encontradas en la bentonita que permiten ionizarla formando un fuerte electrolito con un PH de 8 a 10.

En cuanto al color es muy variable, cuando es cruda sin tratar puede ser de pardo pálido, crema o verde claro, el color comercial es crema.

Figura nº 64 Foto de distintas clases de bentonita

La principal aplicación de la bentonita en ingeniería civil es para cementar fisuras y grietas de rocas absorbiendo la humedad, prevenir hundimientos, etc. debido a su capacidad de plasticidad y endurecimiento.

En el caso de tomas de tierra la bentonita proporciona seguridad en el caso de rotura de cables enterrados.

En esta aplicación como mejorador de la resistencia de puesta a tierra, se le debe agregar suficiente agua hasta que alcance 13 veces su volumen seco.

En ningún momento la bentonita en su funcionamiento deberá estar expuesta a los rayos del sol superficialmente, se debe buscar que la capa superficial sea de unos 10 cm, tierra del mismo suelo. Tampoco se debe aplicar en zonas donde exista calor alrededor del electrodo (tiende a cristalizarse).

Además, en el caso de la aplicación de gel mejorador de suelo, este presenta características técnicas excepcionales para una puesta a tierra de instalaciones eléctricas, teniendo en cuenta su fórmula, en base de bentonita.

Proporciona a la puesta a tierra rellenada con bentonita, los beneficios enumerados a continuación:

- Reducción substancial inicial en el valor de resistividad de puesta a tierra hasta un 75%.

- Larga vida útil, debido a la no dispersión de este producto con las lluvias.

- Estabilidad en el valor de resistividad de la puesta a tierra, debido al alto grado de retención de humedad.

La composición química del gel mejorador de suelos es en base a bentonita y sulfato de cobre.

Con el tiempo presenta el inconveniente que la bentonita se cristaliza y aumenta su resistividad, mientras que el sulfato de cobre al igual que otras sales iónicas en el suelo es agresivo hacia el recubrimiento del cobre y se diluyen con el tiempo.

ABSORCIÓN DEL SUELO

La adsorción es una propiedad química de ciertas sustancias.

Es el proceso de atracción de las moléculas o iones de una sustancia en la superficie de la otra, siendo el tipo más frecuente el de la adhesión de líquidos y gases en la superficie de los sólidos.

La adsorción es la retención, adhesión o concentración en la superficie de un sólido de sustancias disueltas o dispersas en un fluido.

Por lo general, cuando un sólido se halla en contacto con una disolución, la sustancia disuelta tiende a concentrarse en la superficie de contacto. Lo mismo ocurre con los gases que llevan alguna sustancia en suspensión.

Los agentes de adsorción atrapan átomos, iones o moléculas y los llevan a la superficie de un material.

La sustancia que se adsorbe es el adsorbato y el material sobre el cual lo hace es el adsorbente. El proceso inverso de la adsorción es la desorción.

Este fenómeno se explota en muchas aplicaciones industriales: la separación del alquitrán de los gases se efectúa por adsorción y las tierras adsorbentes se usan en las refinerías para purificar aceites, gasolina y otros productos derivados del petróleo.

La adsorción permite eliminar compuestos orgánicos e impurezas del agua, quitar productos de fermentación, eliminar agua de hidrocarburos gaseosos, sustraer componentes azufrados del gas natural, retirar olores del aire, etc.

Tipos de adsorción:

* Fisisorción (Fuerzas de Van der Waals, Puentes de hidrógeno)

* Quimisorción (Enlace iónico, Enlace covalente)

La diferencia fundamental entre ambas es que en el caso de la fisisorción, la especie adsorbida (fisisorbida), conserva su naturaleza química; mientras que durante la quimisorción, la especie adsorbida (quimisorbida), sufre una transformación más o menos intensa para dar lugar a una especie distinta.

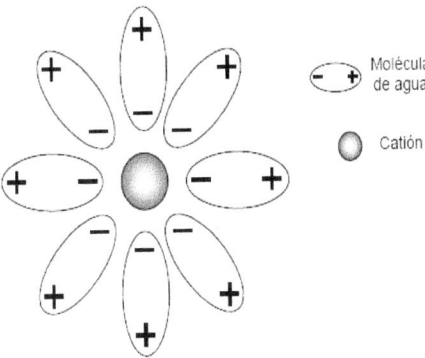

Figura n° 65 Catión hidratado. Los iones disueltos precipitan al secarse el suelo y vuelven a disolverse cuando se añade agua.

De este modo, las partículas en disolución pueden ser adsorbidas por la fase sólida del suelo. Esto implica a los minerales de arcilla y a la materia orgánica.

DEFINICIÓN DE AGENTE ADSORBENTE

Un agente absorbente es una sustancia que tiene la capacidad de adsorber toxinas u otras sustancias; el agente retiene átomos, iones o moléculas en la superficie de un material. Esto se contrapone a la absorción, que es un fenómeno de volumen. Ejemplos de agentes adsorbentes: talcos, almidón, carbonato de calcio o greda, estearato de zinc; todos estos de aplicación externa.

La adsorción también permite eliminar compuestos orgánicos del agua e impurezas, quitar productos de fermentación, eliminar agua de hidrocarburos gaseosos, sustraer componentes azufrados del gas natural, retirar olores del aire, etc.

Capilaridad del suelo

El transporte vertical del agua tiene dos dimensiones opuestas con distinta influencia según los suelos. La lixiviación, o lavado, la produce el agua que se infiltra y penetra verticalmente desde la superficie, arrastrando sustancias que se depositan sobre todo por adsorción. La otra dimensión es el ascenso vertical, por capilaridad, importante sobre todo en los climas donde alternan estaciones húmedas con estaciones secas.

La capilaridad es la propiedad de los fluidos dependiendo de la tensión superficial y de la cohesión del agua, que le confiere la subir por los poros del suelo y gracias a la permeabilidad del mismo.

Este concepto es muy importante porque permite mantener la humedad del suelo, en especial donde hay vegetación.

Suelo submarino

Si pudiéramos contemplar el fondo marino sin agua, no veríamos solamente abismos. Más bien podríamos contemplar un imponente paisaje, donde abunda la diversidad de formas como en tierra, con montañas y valles, altiplanos y llanuras abisales, extensas cadenas montañosas. Sin embargo, por encima del mismo hay una media de 3.650 metros de agua y, a partir de una profundidad de unos 500 metros, reina la más absoluta oscuridad. Además, con una temperatura relativamente constante de 1 °C a 3 °C con una presión hidrostática de 1.100 atmósferas a once kilómetros de profundidad.

Determinadas zonas del fondo marino, desde la costa hasta las profundidades abisales, presenta grandes zonas de bentonitas, zonas rocosas y arrecifes.

La estructura del suelo o del sustrato marino determina en gran medida la presencia o ausencia de determinadas formas de vida bentónicas.

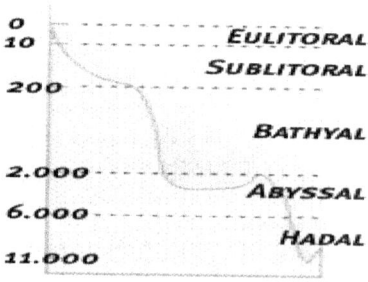

Figura nº 66 Corte transversal del borde continental

En los fondos rocosos están representadas principalmente las formas que viven directamente sobre la superficie, en muchos casos fijadas al sustrato, y que se denominan epifauna.

La composición del suelo marino está representada por arena, sedimentos finos y restos de organismos microscópicos

Así, la mayor parte del fondo marino está cubierto de sedimentos sueltos, un hábitat sobre todo para los organismos excavadores que penetran en el sustrato o construyen tubos y cuevas, estos seres son la denominada infauna.

Todas ellos contribuyen a formar una capa en descomposición orgánica.

Los sedimentos provenientes de la erosión terrestre son arrastrados al mar con alto contenido de minerales disueltos en el agua.

La composición química del agua de mar deriva de la gran cantidad de elementos disueltos que posee; la mayoría de ellos se encuentra en cantidades muy pequeñas. Dentro de los más abundantes están cloro, sodio, potasio, magnesio, calcio, silicio y cobre, azufre, bromo, estroncio, boro y flúor. La salinidad de sus aguas está dada por la gran concentración de cloruro de sodio. Su densidad, en general, varía entre 32 y 37 partes/mil, en una proporción de 96.5 por ciento de agua y 3.5 por ciento de estos últimos. Los ciclos hidrológicos influyen sobre las distintas concentraciones.

La mayor parte del agua marina es químicamente homogénea y estable, y altamente agresiva y corrosiva para las fundaciones de concreto y estructuras de hierro.

La estructura física de arrecifes y corales de arena atrapan y mineralizan materia orgánica en partículas y son al menos parcialmente responsables por la regeneración de nutrientes (amonio, nitrato, nitrito, fosfato y silicato) en aguas oligotróficas de arrecifes coralinos.

El mar es un gran coloide donde las sales disueltas representan el 60% de los sólidos disueltos, donde el 56% es el coluro de sodio, mientras que la cantidad de calcio es la menor de todas.

A pesar de ser escaso el hierro en el agua del mar, el mismo proviene de las aguas litorales procedente de los aportes fluviales. El hierro abunda en los sedimentos marinos, sobre todo en los lodos de la plataforma continental y del litoral en forma de hierro metálico como carbonato ferroso, sulfato o sulfuro de hierro.

El agua del mar también contiene gases en disolución. Todos los gases atmosféricos se encuentran en el agua del mar, siendo los más abundantes el nitrógeno, el oxígeno y el bióxido de carbono, de los cuales el último se halla principalmente como carbonato y bicarbonato porque reacciona químicamente con el agua marina.

Los gases raros también están presentes en pequeñas cantidades como: argón, kriptón, xenón, neón y helio y, en ausencia de oxígeno, suele haber ácido sulfhídrico y probablemente también metano en zonas de agua estancada y con activos procesos fermentativos.

Nos interesa reverenciarnos al ataque químico que sufre el hormigón de una fundación submarina, y se origina por la acción de los cloruros y sulfatos del agua marina, que se combinan con el cemento, formando compuestos solubles como hidróxido de magnesio, que se expande y explosiona dentro del hormigón en los moldajes (causa grietas y fisuración).

SUELO CONGELADO

Se entiende por suelo congelado a aquellos suelos que se encuentran en cero grado centígrado y por debajo de esta temperatura como sucede en los polos y en las altas cumbres montañosas. Al suelo congelado se lo conoce con varios nombres. Desde el punto de vista edafológico se distingue el permafrost y el horizonte críico o criosol.

Cuando la tierra está congelada, ocurren muchas cosas interesantes. La tierra se puede cubrir con patrones de círculos, polígonos o rayas, lo que se conoce como tierra modelada, que se forma a medida que la tierra se congela. Los árboles pueden ser escasos y distanciados unos de otros, y sus raíces no pueden penetrar la tierra sólida, dejando sólo las cortas plantas de la tundra o completa ausencia de plantas. Las colinas características de este paisaje prácticamente formadas por hielo bajo tierra, aparecen en el paisaje, ganando tamaño a medida que más hielo es agregado al núcleo. En áreas conocidas como campos de bloques, también pueden aparecer grandes bloques de hielo de lo que una vez fue tierra plana y fue forzada hacia arriba, como piezas sueltas de un rompecabezas a las que se les empuja por debajo.

Figura nº 67 Capa de permafrost

Este suelo congelado se conoce como permafrost. El permafrost puede tener diferentes características y formas. Pueden ser suelos orgánicos ricos o pueden ser arenosos y rocosos. Podrían ser incluso roca sólida. Podrían contener agua congelada o ser relativamente secos. Pero todos los permafrost tienen una característica en común.

Están congelados. El permafrost es suelo que ha estado bajo el punto de congelación de agua (0 °C ó 32 °F) durante uno o más años. El permafrost se encuentra en latitudes elevadas como en el Ártico y en la Antártida. Es también común en alturas elevadas como las áreas de montañas, o cualquier lugar en donde el clima es frío.

> Aproximadamente un 20% de la superficie de la Tierra es permafrost congelado. El permafrost es considerado parte de la criosfera porque está congelado. Sin embargo, también se le considera parte de la geosfera porque contiene rocas y suelos.

La superficie superior del permafrost, llamada capa activa, usualmente se deshiela y congela con las temporadas. La capa activa podría tener de medio metro hasta cuatro metros de grosor. Las plantas pueden sobrevivir si hay una capa activa donde sus raíces puedan penetrar y donde puedan encontrar el agua que necesitan para sobrevivir.

En algunas partes del mundo, el permafrost penetra profundamente bajo tierra. Debajo de los suelo de Alaska (EE.UU.), hay 440 metros de permafrost y en áreas de Siberia (Rusia) el permafrost tiene aproximadamente un kilómetro y medio de grosor. Pasó mucho tiempo para que el suelo pudiera congelarse hasta tales profundidades. El permafrost de áreas menos profundas puede formarse relativamente rápido, los primeros cien metros de suelo se pueden congelar en sólo unos cientos de años. Pero tardó mucho más tiempo, quizás decenas o centenas de años para que el suelo se congelara cientos de metros. Por ejemplo, en sólo 350 años de clima frío, el suelo se puede congelar hasta unos 80 metros de profundidad, pero tarda diez veces más tiempo para congelarse hasta unos 220 metros de profundidad. Los científicos estiman que tardó más de medio millón de años para que se formara permafrost en las profundidades bajo la superficie de los suelos de Arrow, en Alaska.

En comparación con el largo tiempo que tardó en formarse, el permafrost se ha ido descongelando, relativamente rápido, durante los últimos años. Los científicos han encontrado que la tasa de descongelamiento del permafrost ha aumentado a causa del calentamiento global. Cuando el permafrost se descongela, se ven afectados la atmósfera, la tierra, el agua y los seres vivos.

El criosol es un horizonte del suelo permanentemente congelado en materiales minerales u orgánicos. Tiene continuamente hielo masivo, cementación por hielo o cristales fácilmente visibles de hielo; y una temperatura del suelo menor de 0°C y agua insuficiente como para formar cristales de hielo fácilmente visibles; y un espesor de 5 cm. o más.

Los horizonte críicos ocurren en áreas con permafrost y muestran evidencias de segregación de hielo permanente, generalmente asociada con evidencia de procesos criogénicos (material de suelo mezclado, horizontes disturbados, involuciones, intrusiones orgánicas, levantamientos por helada, separación de materiales gruesos de los finos, grietas, rasgos superficiales en patrones, tales como lomas de tierra, montones por helada, círculos de piedras, rayas, redes y polígonos) por encima del horizonte críico o en la superficie del suelo. Los suelos que contienen agua salina no se congelan a 0 °C. Para desarrollar un horizonte críico, tales suelos deben estar suficientemente fríos como para congelarse. Para identificar rasgos de crioturbación, clasificación o contracción térmica, un perfil de suelo debería intersectar diferentes elementos de terreno en patrones, si los hay, o ser mayor que 2 metros.

Los ingenieros distinguen entre permafrost cálido y frío. El permafrost cálido tiene una temperatura mayor de -2 °C y debe considerarse inestable. El permafrost frío tiene una temperatura de -2 °C o menor y puede usarse con mayor seguridad para propósitos de construcción siempre que la temperatura permanezca bajo control.

El permafrost contiene en su interior gases como CO_2 y metano de origen de la contaminación ambiental que inclusive ante una pequeña flama puede generar fuego.

Figura nº 68 Perfil del suelo de un Criosol

Aquí debemos destacar que el hielo puro sin minerales ni sales en su interior tiene una conductividad eléctrica muy baja o resistividad muy alta, en el orden de varios KOhms. Esto es muy importante a la hora de implantar una jabalina y obtener un valor coherente de puesta a tierra. Además de los inconvenientes que tiene trabajar bajo cero con las herramientas eléctricas y electrónicas.

SUELO ROCOSO – BASALTO Y GRANITO

El basalto es la roca volcánica más común y supera en cuanto a superficie cubierta de la Tierra a cualquier otra roca ígnea. Forma la mayor parte de los fondos oceánicos

Se conforma en distintas proporciones de óxidos de silicatos, feldespato, piroxeno, plagioclasas y mezcla de minerales varios.

Presenta una estructura prismática. Cuando las lavas basálticas se consolidan forman una serie de columnas hexagonales.

En su composición química contiene de 45 % a 54 % de sílice y generalmente es rico en hierro y magnesio.

Presencia de varios fragmentos rocosos. Existe tanta diversidad, que nunca se encuentran dos basaltos idénticos.

Presenta una dureza muy alta del orden de 6 en la escala de dureza.

Figura n° 69 Piedra basáltica – granítica

El granito es otra roca ígnea constituida esencialmente por cuarzo, feldespato y mica. Presenta características similares al basalto.

Existen varias clases de rocas más, pero nos interesan las de alta dureza y alta resistividad.

Tabla n° 6 Valores de resistividad para rocas

Terreno	Resistividad (Ω m)
Granito compacto - Gneiss seco	10^6
Carbono. Diorita. Sienita. Gneis diorítico	10^5
Basalto. Lava basáltica	10^4
Granito mojado	2.000
Calcáreo mesozoico	$1.500 \div 150$

Aquí destacamos su alta resistividad que es del orden de los 10 kOhms y la dificultad que presenta su dureza para implantar un electrodo, para lo cual se buscará principalmente las grietas existentes y/o en lo posible se las agrandarán para poder implantar.

SUELO ÁRIDO

Con este nombre abarcamos los suelos cuyos climas son desérticos, aunque no todo clima desértico genera suelo árido. Son suelos de agua escasa, escasa vegetación y fauna y microorganismos. Son grandes extensiones arenosas expuestas a grandes amplitudes térmicas y donde la evapotranspiración potencial es muy superior a las precipitaciones y donde, además, estas son extremadamente irregulares y/o escasas, no superan los 200 mm anuales.

Hay zonas desérticas áridas frías y calidas. A su vez hay regiones hiperáridas

La aridez puede deberse a diversas causas y eso permite que los desiertos existan en todas las regiones de la tierra, desde las de latitudes altas hasta las tropicales recubriendo entre el 20 y el 30% de la superficie de los continentes (dependiendo del criterio que utilicemos para su delimitación), se denominan azonales ya que se pueden encontrar en cualquier parte del mundo.

Además, hay que tener en cuenta que las regiones áridas y semiáridas que rodean a los desiertos son muy frágiles y que las actividades humanas pueden destruir fácilmente su vegetación. Cuando esto ocurre, la erosión empobrece rápidamente el suelo y se inicia un proceso de "desertificación" que acaba transformando en desierto una zona que previamente no lo era. Millones de km2 de desiertos o "semidesiertos" distribuidos por todos los continentes son consecuencia de ese tipo de procesos que, a escala humana, pueden considerarse como irreversibles.

La aridez varía mucho entre unos desiertos y otros y condiciona las propiedades físico – químicas.

El caso más habitual es el de las zonas donde afloran yesos u otras sales que incrementan exageradamente la presión osmótica dificultando la absorción de agua por las raíces y son tóxicos para la mayor parte de las plantas.

La particular hidrología de los desiertos, con un balance hídrico desfavorable y extensas áreas endorreicas, favorece la acumulación de sales o la formación de costras de carbonato cálcico (caliche) sobre la superficie lo que, a su vez, incrementa el efecto de la aridez dando lugar a un fenómeno de retroalimentación.

La aridez impide que se produzcan las reacciones químicas necesarias a la edafogénesis y no hay formación de suelos y la roca suele aflorar desnuda (o cubierta por suelos relictos, heredados de épocas más favorables).

En otros casos favorecidos por las altas temperaturas aparecen "suelos rojos desérticos", cuya coloración evidencia la abundancia de óxidos de hierro deshidratados.

Su desarrollo suele ser reducido y contienen escaso humus y nutrientes debido a la escasez de la cobertura vegetal.

Otro tipo de suelos, dominantes en los desiertos continentales, son los sierozems o suelos grises desérticos. Suelen presentar un mayor desarrollo aunque son también muy pobres como consecuencia de su bajo contenido en humus y de la frecuencia con que se forman costras calizas en ellos.

Resumiendo: los procesos de erosión son factores importantes en la formación del paisaje desértico. Según el tipo y grado de erosión que los vientos y la radiación solar han causado, los desiertos presentan diferentes tipos de suelos: desierto arenoso es aquel que están compuesto principalmente por arena, que por acción de los vientos conforma las dunas, desierto pedregoso o rocoso es aquel cuyo terreno está constituido por rocas o guijarros (este tipo de desiertos suele denominarse con la palabra árabe hamada); y suelos arcillosos con abundantes grietas en superficie como consecuencia de las alternancias entre periodos de dilatación y de contracción de los materiales favorecidas por los ya mencionados cambios climáticos bruscos, sobre todo de temperatura y humedad.

Desierto de Atacama en la Puna   **Desierto de Sahara**

Desierto de Siloli en Bolivia   **Valle de la luna San Juan**

Figura n° 70 Ejemplos de suelos desérticos

En general contienen valiosos depósitos minerales, sales y falta de agua dulce.

Otra característica importante es la ausencia de drenaje superficial durante cualquier época del año como consecuencia de la generalizada falta de precipitaciones que sufren.

Los valores óhmicos por metro de estas tierras oscilan entre 1 kOhms a varios KOhms.

Clasificación de la aridez

a) Clasificación de Knoche

El índice de aridez de Knoche se expresa por el valor de Ik:

Ik = n*P / (100 * (T +10))

Dónde:

T = Temperatura anual en °C

P = Precipitación anual en mm

n = Número de días de lluvia en el año

Aridez:

Extrema si 0 < Ik < 25

Severa si 25 < Ik < 50

Normal si 50 < Ik < 75

Moderada si 75 < Ik < 100

Pequeña si 100 < Ik

a) Clasificación de Martonne

Su valor se calcula mediante la fórmula I=P/(T+10) a partir de los datos obtenidos de los climogramas (siendo T la temperatura media anual y P la cantidad total anual de agua caída en litros). Según este índice, se clasificará cada lugar geográfico atendiendo a su grado de aridez.

> 40 - húmeda

30-40 Subhúmeda

20-30 Semiárida

10-20 Árida o esteparia

5-10 Subdesértica

0-5 Desértica

La importancia de estos índices serán tenidos en cuenta en el mantenimiento de las puestas a tierras. Pues sabremos que esperamos en cuanto a su comportamiento eléctrico – electrolítico y su expectativa de vida útil. Un aspecto muy importante es que mientras más árido y seco es un terreno mayor es la estática de todos los elementos sobre la superficie de la tierra y el daño que se causa a los equipos electrónicos. Razón más que suficiente para tomar medidas de equipotencializar todos los elementos de la estructura y los equipamientos, en especial los laboratorios donde se debe colocar piso antiestático conectado a una malla de puesta a tierra, y el operario debe usar elementos como pulseras limitadoras de corrientes, ropa para descarga electrostática, calzado conductivo y otras medidas para descargar permanentemente a tierra la electricidad estática.

ACTIVIDAD

Temario propuesto para debate y resolución

1. Defina matemáticamente que es el pH.

2. ¿Cómo se mide el pH de un suelo?

3. ¿Por qué es importante medir el pH?

4. ¿Qué es un suelo alcalino y un suelo ácido?

5. ¿Cuándo un producto o compuesto es biodegradable?

6. ¿Qué efecto produce un lixiviado a un suelo?

7. Defina las propiedades de la arcilla y de la bentonita.

8. ¿En que influye el tamaño del mineral en el suelo?

9. Explique el fenómeno de adsorción.

10. ¿Cuál es la importancia de la capilaridad del suelo?

11. ¿Qué se entiende por permafrost?

12. Cuáles son las características del suelo árido y del suelo rocoso?

13. ¿Cuál es la utilidad del índice de aridez de Knoche?

14. ¿Qué ventajas presenta el humus?

15. Investigue las fundaciones marinas y las fundaciones en los polos que utilizan como sistema de puesta a tierra.

16. Investigue sobre los daños de la electrostática en laboratorios de equipamientos sensibles y como se soluciona.

6
QUIMICA DEL SUELO

Se puede dividir la composición química de los suelos en orgánicos e inorgánicos. Representan las partículas minerales el 50% del total, de las cuales dominan la arena, arcilla y caliza, y en menor medida óxidos e hidróxidos de hierro y sales; las de origen orgánico suponen el 5%; el 45% que resta lo ocupan aire y agua, los cuales aprovechan la porosidad de la arena (el componente más importante de los suelos) para penetrar en los suelos y permitir la interacción con los demás elementos.

> El suelo es un sistema disperso constituido por tres fases: una líquida, una sólida y una gaseosa.

La menor o mayor aptitud de un suelo como medio y soporte para el crecimiento de un bioma depende, por una parte, de la relación (volumétrica) entre las tres fases y por otra, de la interacción entre las mismas que produce reacciones de solubilización y adsorción.

La relación entre las fases, es decir el % de volumen total que ocupa cada una de ellas, determina la disponibilidad de agua y aire del suelo en si mismo.

Las reacciones de solubilización que se producen por el contacto entre las fases sólidas, líquida y gaseosa, determinan en gran medida la dinámica de los suelos.

Las reacciones de adsorción influyen tanto sobre las condiciones físicas como químicas del suelo sobre la capacidad del mismo para retener sales, minerales y nutrientes.

La fase sólida comprende los componentes minerales (con su correspondiente granulometría y los componentes orgánicos.

1) Clasificamos los minerales según la siguiente tabla n° 7

En general, los silicatos, óxidos, sulfuros y fosfatos son de muy baja solubilidad. Los carbonatos de Ca y Mg y el sulfato de Ca son de mediana solubilidad. Los restantes compuestos, nitratos y cloruros de Na, K, y Mg, sulfatos de Mg, Na y K y carbonatos de Na y K, son de alta solubilidad.

Estos compuestos no se encuentran en fase sólida en los suelos normales, sólo pueden encontrarse en cantidades significativas en los suelos salinos con contenidos de humedad bajos (eflorescencias).

En algunos suelos existen cantidades apreciables de ellos en la fase sólida (suelos calcáreos y yesosos). Entre los compuestos de muy baja solubilidad, los óxidos pueden considerarse el producto final de la alteración de los minerales que dieron origen al suelo – a pesar de que la sílice (óxido de silicio) puede ser también de origen primario. Si se presentan como partículas grandes (limo y arena) son inertes desde los puntos de vista químico y físicoquímico y constituyen el esqueleto del suelo, pero si se presentan en forma de pequeños cristales o como recubrimientos (amorfos o cristalinos) en la superficie de otras partículas, interfieren en los fenómenos coloidales.

Tabla nº 7 clasificación de minerales

Silicatos	Tectosilicatos: Feldespatos (ortoclasas, plagioclasas)
	Silicatos laminares: Micas - Arcillas
	Inosilicatos: Piroxenos - Anfíboles
	Sorosilicatos: epidoto
	Nesosilicatos: olivino, circón
Óxidos	Sílice
	Óxidos e hidróxidos de Fe
	Óxidos e hidróxidos de Al
Carbonatos	De sodio
	Calcita (de calcio)
	Dolomita (de calcio y magnesio)
Fosfatos	Apatitas (de calcio)
	Fosfatos de Fe y Al (vivianita, strengita)
Cloruros	De sodio
	De potasio
	De calcio
Sulfuros	Pirita (de Fe)
Sulfatos	Yeso (de calcio)
	De sodio
Nitratos	De calcio
	De sodio

Los silicatos, sulfuros y fosfatos son también compuestos de muy baja solubilidad, pueden ser de origen primario (presente en el material original) o secundario (formados en el suelo como producto intermedio de la alteración o formados por cristalización a partir de iones producidos postalteración de otros minerales). Cuando se presentan como partículas gruesas (limo y arena), son parte del esqueleto del suelo, no obstante, por reacciones de solubilización, hidrólisis y oxidación son responsables de la liberación de nutrientes para los vegetales a la fase líquida (P, Ca, Mg, S, B, Fe, etc.).

Otro aspecto, además de la solubilidad, que determina la menor o mayor actividad de los compuestos es la superficie específica, entendiéndose por tal la relación existente entre la superficie de las partículas y su masa.

Las reacciones de adsorción y otras propiedades coloidales son producto de la interacción entre las fases en contacto (en el suelo sólida-líquida) y para que sean significativas deben producirse en una gran superficie. Superficies específicas grandes se asocian a partículas de tamaño pequeño; esto implica que las partículas con gran superficie específica deben estar constituidas por minerales de muy baja solubilidad (de otro modo se disolverían muy fácilmente en la solución del suelo).

Otro factor que influye sobre la magnitud de la superficie específica es la forma; a igualdad de masa las formas laminares exponen mayor superficie que las poliédricas y las formas filiformes exponen aún mayor superficie que las laminares

Entre los minerales comúnmente presentes en los suelos, los que reúnen estas condiciones de tamaño y/o forma son principalmente las arcillas silicatadas y los óxidos e hidróxidos de Fe y Al.

2) La fracción orgánica en su porcentaje en peso de la fase sólida es muy variable, desde menos de 1% a 90% o más en algunos suelos orgánicos (turba). En general podemos dividir a esta fracción como se muestra en la Figura n° 63.

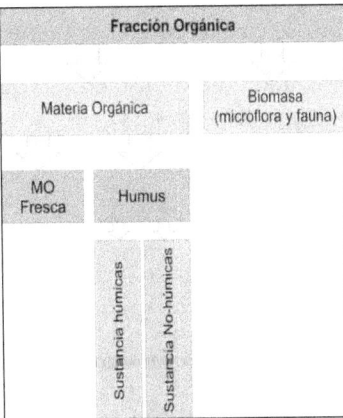

Figura n° 71 División de la fracción orgánica del suelo

La biomasa es la responsable de la transformación de toda sustancia orgánica en el suelo. Por otra parte determina la concentración de CO_2 y O_2 de la fase gaseosa, que a su vez influye en las condiciones de equilibrio entre fase sólida y líquida que determinan las reacciones de disolución, hidrólisis y óxido-reducción que producen la alteración química de los minerales que libera nutrientes.

La materia orgánica fresca es la "materia prima" a partir de la cual se producen las demás sustancias orgánicas, por acción de la biomasa que también libera nutrientes. Desde el punto de vista químico y físico-químico no tiene importancia directa, pero si cumple funciones en la protección del suelo (mulching) y también influye en los regímenes hídrico y térmico del suelo.

El humus es toda materia orgánica no viviente transformada por la biomasa. Prácticamente influye sobre todas las propiedades del suelo (físicas, químicas y biológicas). Aunque el humus comprende también otras sustancias, desde el punto de vista de los fenómenos de superficie, nos interesan las sustancias húmicas, que son polímeros de alto peso molecular. Estructuralmente son macromoléculas ramificadas que poseen grupos funcionales activos (carboxilos, oxidrilos fenólicos, etc.) que se disocian según la acidez del medio. Su estructura puede considerarse filiforme por lo que presentan una superficie específica muy alta y tienen comportamiento coloidal. El humus tiene mayor capacidad de retención de agua que la arcilla. La desventaja es que no hay en toda la superficie de la tierra. El humus tiene una elevada capacidad de intercambio catiónico. Esto es importante, ya que supone la posibilidad de tener un depósito de iones minerales que pueden ser cedidos a la solución del suelo y asimilados por los distintos procesos físicos – químicos.

La fase líquida, frecuentemente llamada agua del suelo, es realmente una solución diluida de sales de los iones Na^+, K^+, Ca^{++}, Mg^{++}, Cl^-, $SO_4^=$, HCO_3^-, $CO_3^=$ y NO_3^-. Además de estos iones, cuyas cantidades en la solución realmente son significativas, existen otros en muy pequeñas cantidades, tanto orgánicas como inorgánicas y también formas no iónicas en solución, que se encuentran en equilibrio con su correspondiente fase sólida.

Supongamos en un cierto tiempo no se adicionará ni quitará agua del suelo, la composición de la solución sería tal que satisfaría los productos de solubilidad de todos los sólidos presentes; además estaría en equilibrio con los iones adsorbidos.

Pero en realidad este equilibrio no se alcanza o se alcanza por un tiempo muy breve ya que continuamente se adiciona y/o se pierde agua del suelo (lluvia, riego, evapotranspiración, etc.) y también los solutos están sujetos a cambios continuos (absorción de nutrientes, abonado, contaminantes, etc.)

La fase gaseosa, también llamada atmósfera del suelo. Su composición cualitativa es similar a la atmosférica. En lo que difiere es en las cantidades de CO_2 y O_2. Como consecuencia de la respiración de las raíces y de los microorganismos contiene más CO_2 y menos O_2 que la atmósfera y además está prácticamente saturada de vapor de agua. Esta composición no es estática, sino que varía, y las variaciones influyen sobre el equilibrio entre las fases sólida y líquida (ejemplo: el aumento de la concentración de CO_2 aumenta la solubilidad de $CaCO_3$). Aquí destacamos que la lluvia arrastra CO_2 como SO_2 (transformándolo en ácido sulfúrico) y bajan el pH del suelo.

Horizonte A capa superior   ρ1
Horizonte B suelo inerte   ρ2
Horizonte C   ρ3
Horizonte D   ρ4
Horizonte E   ρ5

Figura nº 72 Estratificación por textura del sedimento y distribución horizontal

SISTEMA COLOIDAL DEL SUELO

El suelo es un gran coloide

Todo sistema coloidal tiene una fase homogénea dispersante y una fase dispersa, constituida por partículas pequeñas.

Muchas de las propiedades químicas del suelo se deben a la presencia de materiales que presentan carga eléctrica. Estos materiales son conocidos como "coloides del suelo" y abarcan a las partículas de arcilla y materia orgánica humificada.

Las partículas se mueven con una cierta velocidad y movimiento aleatorio denominado browniano.

En el suelo, la fase dispersante es líquida y la dispersa es sólida.

Los coloides se caracterizan por:

1)   Tener tamaño de la partícula muy pequeño.

2)   Poseer carga eléctrica

3)   Tener un área superficial grande

4)   Atravesar los filtros

5)   Presentar movimiento Browniano

6)   Presentar el fenómeno de Tyndall (dispersan la luz)

7)   Adsorber partículas

8)   Flocular (los coloides que se unen precipitan)

9)   Absorber humedad (retener humedad)

En el suelo existen los coloides inorgánicos y los coloides orgánicos. Estos dos tipos de coloides existen en mezclas o en un complejo muy estrecho y es difícil separar sus propiedades.

Propiedades y características de los coloides inorgánicos.

1)   Actúan como sustancias amortiguadoras.

2)   Adsorben metabolitos tóxicos.

3)   Adsorben antibióticos.

4)   Inmovilizan cationes orgánicos.

5)   Protegen físicamente a microorganismos (hábitat).

6)   Adsorben los elementos nutritivos: PO4 3-, HPO4 2-, K+, Na+, etc., (tanto positivos como negativos).

7)   Constituyen el cemento de los agregados más o menos gruesos (naturaleza física).

8)   Confieren al suelo su estructura de la cual, van a depender sus relaciones con el aire y con el agua.

9)   Confieren al suelo sus propiedades de elasticidad, plasticidad, consistencia.

Las propiedades de los coloides orgánicos principalmente son:

1)   Almacenamiento de nutrimentos orgánicos (tanto positivo como negativo).

2)   Adsorben sustancias lipofílicas (sustancias solubles en grasas).

3)   Ayuda a la absorción de iones (tanto positivo como negativo).

4)   Incorpora sustratos.

En el suelo encontramos dos estados básicamente según nos muestra la siguiente figura:

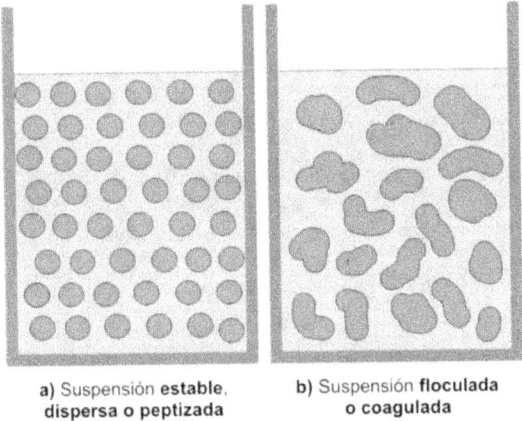

a) Suspensión **estable**, dispersa o peptizada

b) Suspensión **floculada** o coagulada

Figura n° 73 Suspensiones dispersa y floculada

En el estado estable las partículas se denominan dispersas o peptizadas, y en el estado inestable el número de choque aumenta los flóculos.

Si una suspensión se encuentra peptizada o floculada influirá sobre la velocidad de sedimentación de las partículas y sobre la naturaleza del sedimento que se forma, a su vez la velocidad de sedimentación depende del tamaño y forma de las partículas (además de su densidad y de la viscosidad del líquido). Fácil es imaginar que los

flóculos sedimentarán más rápido que las partículas individuales.

Desde el punto de vista del suelo, lo que más nos interesa es la naturaleza del sedimento, ya que realmente el suelo se presenta como un sedimento o suspensión "muy concentrada".

Desde el punto de vista del funcionamiento del suelo, resulta evidente que si su fracción coloidal se encuentra floculada como en b), la permeabilidad y aireación serán más favorables que si se encuentran dispersas como en a).

Además de la permeabilidad otras propiedades físicas - químicas del suelo dependen del estado en que se encuentre la fracción coloidal.

CARGA ELÉCTRICA SUPERFICIAL DE LAS PARTÍCULAS COLOIDALES EN EL SUELO

Cuando se somete a un campo eléctrico una suspensión de arcilla, observando con ultramicroscopio se ve que las partículas se desplazan hacia el ánodo, lo que indica que se encuentran cargadas negativamente. A este fenómeno se lo llama electroforesis.

La carga superficial es la responsable de que las partículas puedan formar una suspensión y de ella se derivan una serie de propiedades del sistema, que en los suelos son de capital importancia en la capacidad de electroconducción por su atracción iónica y electrostática.

Los fenómenos coloidales se manifiestan cuando las partículas del sólido presentan superficie específica elevada (la que se asocia a tamaño pequeño y a ciertas formas).

Como ya se dijo, entre los minerales comúnmente presentes en los suelos, los que tienen estas características son: los óxidos e hidróxidos de Fe y Al y las arcillas, y también ciertos "minerales" amorfos de origen volcánico.

Además, dentro de la fracción orgánica, las sustancias húmicas también tiene elevada superficie específica.

Los compuestos óxidos, hidróxidos y oxi-hidróxidos se forman por alteración de minerales silicatados y en los suelos bien aireados se cuentan entre los compuestos más estables tanto en estado cristalino como no-cristalino.

Estos compuestos estructuralmente son empaquetamientos densos de iones O y/u OH que se mantienen unidos por el catión metálico que los coordina. Según cuales sean las condiciones del suelo en las que se forman pueden ser desde amorfos hasta perfectamente cristalinos y, más aún, si son cristalinos pueden presentarse en distintas formas polimorfas, las más comunes son tetraédricas y octaédricas. En la figura nº 67 vemos como se pueden disponer en función de ion metálico.

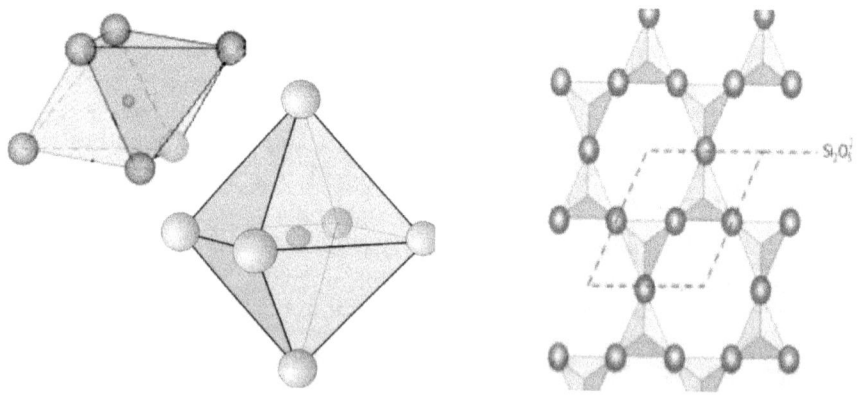

Octaedros coordinados por el ión metálico   Capa tetraédrica o de sílice (vista en planta)

Figura nº 74 Estructura de arcillas octaédrica y tetraédrica

Si se ubican en forma vertical en dirección de su eje, se produce una disposición por uniones H o de Van der Waals, relativamente débiles, entre capas octaédricas eléctricamente neutras.

Si bien los óxidos de Fe y Al del suelo son los más abundantes, y también los mejor estudiados, los óxidos de Mn, aunque suelen presentarse en cantidades muy reducidas, pueden revestir importancia en la retención de metales pesados y algunos aniones; esto se debe a que por su hábito cristalino, que presenta cavidades y túneles en los que penetran el agua y los iones disueltos suelen tener altas superficies específicas.

CLASIFICACIÓN DE LAS ARCILLAS

Tabla nº 8 clasificación de arcillas

Grupo	Tipo	Carga de media celda unitaria de lámina[¹]	Tipo de capa octaédrica	Minerales comunes
Esmectita	2:1 Expansible	0,2 - 0,6	Trioctaédrica	Saponita
			Dioctaédrica	Montmorillonita. Beidellita
Vermiculita	2:1 Expansible	0,6 - 0,9	De ambas	Vermiculita
Mica	2:1 No expansible	> 0,9	Trioctaédrica	Biotita
			Dioctaédrica	Muscovita

Las arcillas silicatadas cristalinas son silicatos laminares cristalinos. Por su hábito de cristalización laminar, pueden presentar gran superficie específica y, por ende, gran actividad coloidal.

Un cristal aislado de estos minerales es una lámina constituida por 2 o 3 capas de iones ordenados en una red regular como podemos ver en el gráfico de la sílice.

Aquí lo que se quiere destacar es la capacidad de absorción de estas láminas de arcillas gracias a los cationes libres.

Cuando se pone en contacto con agua una muestra de arcilla, los cationes compensadores de las cargas generadas por sustitución isomórfica, que no forman parte de la red cristalina, se disocian completamente, lo que determina que las partículas adquieran una carga superficial de magnitud fija y electronegativas.

En los óxidos e hidróxidos la carga superficial es variable y depende del pH del medio. Este tipo de cargas se observa como un efecto de borde como pasa en la caolinita.

En el humus se observa cargas electropositivas pero tiende a bajarlo los OH carboxílicos y fenólicos que son electronegativos.

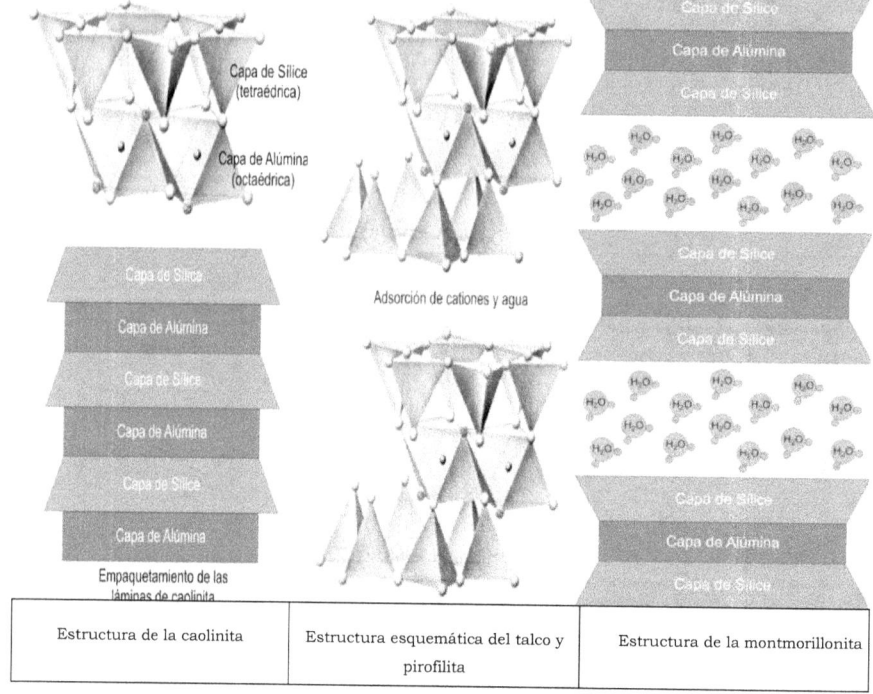

Figura nº 75 Absorción de arcillas

Estructura de la caolinita	Estructura esquemática del talco y pirofilita	Estructura de la montmorillonita

La carga neta resulta del balance entre las cargas positivas y las cargas negativas. La caolinita presenta en sus bordes carga neta positiva. Mientras que la illitas, vermiculitas y esmectitas la carga neta es siempre negativa.

Resumiendo: en medio acuoso las superficies de los óxidos y los *"bordes"* de las arcillas, pueden estar neutralizados o con carga (positiva o negativa) según la concentración del protón H+ del medio (pH).

El pH en el cual la carga es cero se denomina punto isoeléctrico, a pH mayor, la carga es negativa, y a pH inferior es positiva.

En los suelos lo normal es que haya más de un material coloidal; por ejemplo que la arcilla predominante sea del tipo no expansible, con cantidades menores de arcillas expansibles y de óxidos y un cierto porcentaje de humus. Esta heterogeneidad de material coloidal determina que, aunque predominen los coloides de carga permanente, el suelo presente ciertas propiedades y comportamiento que se deben a la presencia de cargas variables.

INTERCAMBIO IÓNICO

El fenómeno de intercambio iónico es de mucha importancia en el suelo, este indica que los iones que quedaron atrapados en las capas (adsorbidos) son intercambiables por otros iones nuevos para mantener la electroneutralidad, por ejemplo intercambiar dos iones Na+ por un ión Ca2+.

Cuanto mayor sea el contenido hídrico del suelo, más rápido se podrán trasladar los iones a los sitios de menor concentración que lo hace en forma de saltos y logra alcanzar el equilibrio y homogeneidad del coloide.

No siempre que agreguemos un electrolito al suelo habrá reacción química. En los intercambios en que intervienen iones de distinta valencia, influyen otros factores además de la relación de concentraciones de los iones en la solución y su equilibrio es lento.

Citamos algunos ejemplos:

• Los cationes metálicos adsorbidos pueden pasar a la solución y ser tomados por las plantas al intercambiarse por H+ liberados por las raíces.

• Nutrientes catiónicos, como el K, aplicados en fertilizantes pueden almacenarse en el suelo (reemplazando a otros adsorbidos), para luego ser tomados por las plantas en la forma explicada en el ejemplo anterior.

• La adición de agua de riego con mucho sodio en solución, puede llegar a "sodificar" el suelo por acumulación del mismo en la doble capa. En este caso el intercambio es desfavorable ya que como vimos, el sodio tiende a dispersar las partículas confiriendo propiedades físicas poco favorables.

CAPACIDAD DE INTERCAMBIO DE CATIONES DEL SUELO

Todas las moléculas, en mayor o menor medida, tienen minúsculas cargas eléctricas, positivas y/o negativas. Por ello, en el suelo actúan como pequeños imanes, formando entre ellas estructuras que pueden ser muy simples, como la atracción entre una partícula de arcilla cargada negativamente y una partícula de un fertilizante cargada positivamente; o muy complejas, como cuando hay la materia orgánica, con infinidad de cargas eléctricas de ambos signos.

La CIC o capacidad de intercambio catiónico es la capacidad del suelo para retener e intercambiar diferentes elementos minerales. Esta capacidad aumenta notablemente con la presencia de materia orgánica, y podría decirse que es la base de lo que llamamos fertilidad del suelo.

Catión, ión cargado positivamente (NH4+, K+, Ca2+, Fe2+, Na+, H+, Al3+) o anión, ión cargado negativamente (NO3-, PO42-, SO42-, etc.).

La CIC depende de la textura del suelo y del contenido de materia orgánica.

En general, entre más arcilla y materia orgánica hay en el suelo, la capacidad de intercambio es mayor. El contenido de arcilla es importante, debido a que estas pequeñas partículas tienen una relación alta de área superficial a volumen. Los diferentes tipos de arcillas presentan diferentes valores de la

CIC. Las esmectitas tienen una mayor capacidad de intercambio catiónico (80-100 miliquivalentes 100 g-1), seguida por illitas (15-40 meq 100 g-1) y caolinitas (3-15 meq 100 g-1).

Como nos interesa conocer qué cantidad de cationes puede retener el suelo y otros materiales coloidales. Para eso definimos la capacidad de intercambio de cationes (CIC) como la cantidad total de cationes adsorbidos en forma intercambiable por unidad de masa (o peso) que retiene un suelo o cualquier otro material intercambiador.

Si consideramos un gramo arcilla la capacidad de intercambio de cationes de esa masa estará dada por el producto de la superficie específica "S" [m2/g] por la cantidad de carga por unidad de superficie – densidad de carga "σ" [meq/m2]:

$$CIC\ [cmol_c/kg] = S \cdot \sigma$$

En la tabla n° 9 se dan los valores de S y σ para algunos materiales comúnmente presentes en los suelos.

Material	Tamaño	S (m^2/g)	σ (meq/m^2)
Caolinita	2 μ	1 – 40	2x10-7
Illita	2 μ	50 – 200	3x10^{-7}
Montmorillonita	2 μ	400 – 800	1x10^{-7}
Humus	coloidales	800	1 a 3x10^{-7}

Tabla n° 9: Valores de superficie específica y densidad de carga.

Como vemos, para todos ellos la densidad de carga es del mismo orden de magnitud, no así la superficie específica. Del análisis se desprende que la superficie específica es el factor determinante de que un material tenga mayor o menor CIC.

Algunos ejemplos de valores de capacidad de intercambio catiónico para diferentes texturas de suelo se mencionan a continuación:

Tabla n° 10

Textura de suelo CIC	(meq/100 g suelo)
Arenas	(color claro) 3 - 5
Arenas	(color oscuro) 10 - 20
Francos	10 - 15
Franco limoso	15 - 25
Arcilla y franco arcilloso	20 - 50
Suelos orgánicos	50 - 100

La Tabla n° 11 muestra la CIC de los materiales coloidales de interés es:

Material	CIC (cmol$_c$/kg)
Óxidos coloidales	1 – 5
Caolinita	10
Illita	20 – 40
Montmorillonita	80 - 120
Humus	200 - 400

Tabla 11: CIC de algunos materiales coloidales del suelo..

La tabla n° 12 nos muestra el color del suelo según sus propiedades. Así tendremos colores negro, blanco, gris, amarillento, rojizo, verdoso, azulado y violeta en función del metal que contenga.

pH DEL SUELO

El pH de cualquier medio acuoso es igual a menos (-) el logaritmo de la actividad del ión H+. Despreciando la interacción iónica, podemos decir que está dada por la concentración de hidrogeniones (H+) en la solución del suelo.

La variación del pH es quien condiciona las variables edáficas más importantes como la saturación de bases, disociación de coloides, los iones adsorbidos, etc. pero una de las condiciones más importantes es la aireación.

Tabla nº 12. Colores del suelo

Color	Propiedades del suelo
Oscuro o negro.	Normalmente se debe a la presencia de materia orgánica, de forma que cuanto más oscuro es el horizonte superficial más contenido en materia orgánica se le supone. Es característico de horizontes A y, en ocasiones, de horizontes Bh. Si el color oscuro se restringe a nódulos y películas se le atribuye a los compuestos de hierro y, sobre todo, de manganeso.
Claro o blanco.	Normalmente se debe a los carbonatos de calcio y magnesio o al yeso u otras sales más solubles. Los carbonatos pueden presentarse con distintos patrones, de manera continua o discontinua: en forma de nódulos, películas sobre los agregados o pseudomicelios. Las sales como el ClNa pueden acumularse también formando una costra superficial. La acumulación de carbonatos o sales más solubles puede deberse a la presencia de estas sustancias en el material original o a la aridez del clima. En los horizontes eluviales (E), el color claro es consecuencia del lavado de las arenas (constituidas fundamentalmente por cuarzo).
Pardo amarillento.	Se debe a la presencia de óxidos de hierro hidratados, FeO(OH) (goethita), y unidos a la arcilla y a la materia orgánica.
Color rojo.	El color rojo aparece en el suelo como consecuencia de la alteración de minerales de arcilla, por lo que se presenta habitualmente en los horizontes Bw o Bt. Se debe a la liberación de óxidos férricos como la hematita (Fe_2O_3). Este proceso se ve favorecido en climas cálidos con estaciones de intensa y larga sequía, como el clima mediterráneo. El color rojo indica un buen drenaje del suelo, lo que permite la existencia de condiciones oxidantes para formar los óxidos.
Grises y abigarrados.	Se debe a la presencia de compuestos ferrosos y férricos. Estos colores son característicos de los suelos pseudogley con condiciones alternantes de reducción y oxidación. El abigarrado o veteado se presenta como grupos de manchas de colores rojos, amarillos y grises. Esta propiedad aparece en suelos que se encharcan durante un período del año. En ocasiones, puede deberse a la actividad de raíces de plantas que viven en condiciones de encharcamiento.
Gris y/o verdoso azulado	Se debe a la presencia de compuestos como el $Fe(OH)_2$, arcillas saturadas con Fe^{2+}. Son característicos de suelos que sufren una intensa hidromorfía. Normalmente indica una falta de oxígeno en el suelo, bien por encharcamiento, bien por una baja porosidad.
Violeta	Indica la presencia de determinados minerales, como el yeso.

Cuando se crean condiciones de mala aireación en un suelo, usualmente por inundación o excesos de agua, el pH experimenta variaciones:

• Aumenta en los suelos ácidos

• Disminuye en los alcalinos.

Esto es desfavorable para el medio biótico pero muy favorable para el medio electrolítico.

Rango de pH	Reacción química del suelo
Menos de 4,5	Muy fuertemente ácido
4,5 - 5,2	Fuertemente ácido
5,2 - 5,8	Ácido
5,8 - 6,8	Débilmente ácido
6,8 - 7,2	Neutro
7,2 - 7,6	Débilmente alcalino
7,6 - 8,0	Alcalino
8,0 - 8,5	Fuertemente alcalino
Más de 8,5	Muy fuertemente alcalino

Tabla n° 13: Clasificación de la reacción química de los suelos.

De acuerdo al pH, la reacción química de los suelos se clasifica de acuerdo a escalas como la de la Tabla 7.

El pH del suelo es medido por el método potenciométrico en una matriz acuosa con relación suelo – disolución por ejemplo 1:2 y se colocarán los electrodos correspondientes.

HUMEDAD DEL SUELO

El contenido de agua en el suelo puede ser benéfico, pero en algunos casos también perjudicial.

El exceso de agua en los suelos favorece la lixiviación de sales y de algunos otros compuestos; por lo tanto, el agua es un regulador importante de las actividades físicas, químicas y biológicas en el suelo.

Aunque es recomendable determinar la humedad a la capacidad de campo de los suelos, es decir, la cantidad de humedad que un suelo retiene contra la gravedad, cuando se deja drenar libremente; en algunas ocasiones, cuando se trata de suelos contaminados, por ejemplo con hidrocarburos del petróleo, es difícil llevar a cabo esta medición por la dificultad de rehidratar suelos secos con estas características. Por lo que la medición de humedad se realiza sólo en función del porcentaje de agua que retiene este tipo de suelos.

El método utilizado para esta medición es el gravimétrico, para determinar únicamente la cantidad de agua de los suelos. La humedad del suelo se calcula por la diferencia de peso entre una misma muestra húmeda, y después de haberse secado en la estufa hasta obtener un peso constante.

CONDUCTIVIDAD ELÉCTRICA

La conductividad eléctrica es la capacidad de una solución acuosa para transportar una corriente eléctrica, que generalmente se expresa en mmhos/cm o en mSiemens/m; la NOM-021-RECNAT-2000 establece dSiemens/m a 25°C. Es una propiedad de las soluciones que se encuentra muy relacionada con el tipo y valencia de los iones presentes, sus concentraciones total y relativa, su movilidad, la temperatura del líquido y su contenido de sólidos disueltos. La determinación de la conductividad eléctrica es por lo tanto una forma indirecta de medir la salinidad del agua o extractos de suelo.

De acuerdo con los valores de conductividad eléctrica, pH y porcentaje de sodio intercambiable, los suelos se pueden clasificar en las siguientes categorías:

a) Suelos salinos. Se caracterizan porque su extracto de saturación tiene un valor de conductividad eléctrica igual o superior que 4 mmhos/cm a 25oC y la cantidad de sodio intercambiable es menor de 15%. Por lo general tienen una costra de sales blancas, que pueden ser cloruros, sulfatos y carbonatos de calcio, magnesio y sodio.

b) Suelos sódicos. Presentan un color negro debido a su contenido elevado de sodio. Su porcentaje de sodio intercambiable es mayor que 15, el pH se encuentra entre 8.5 y 10.0, y la conductividad eléctrica está por debajo de 4 mmhos/cm a 25 °C.

c) Suelos salino-sódicos. Poseen una conductividad eléctrica de 4 mmhos/cm a 25 °C, una concentración de sodio intercambiable de 15% y el pH es variable, comúnmente superior a 8.5.

La conductividad eléctrica se puede complementar con la determinación de $Na+$ o bases intercambiables ($K+$, $Ca++$, $Mg++$, $Na+$).

Principalmente si los suelos fueron contaminados con aguas congénitas.

El método de la conductividad eléctrica se realiza por medio de un conductímetro sobre una muestra de agua o extracto de suelo.

Este método se basa en la teoría de la disociación electrolítica. Es aplicable a aguas o extractos de suelo. El equipo para medir la conductividad eléctrica es un conductímetro, que consiste en dos electrodos colocados a una distancia fija y con líquido entre ellos. Los electrodos son de platino y en ocasiones pueden llevar un recubrimiento de platino negro o grafito; estos se encuentran sellados dentro de un tubo de plástico o vidrio (celda), de tal manera que este aparato puede ser sumergido en el líquido por medir. La resistencia eléctrica a través de los electrodos se registra a una temperatura estándar, generalmente 25 °C. Fuera de esta temperatura se usan factores de corrección. El método completo no lo desarrollaremos en este capítulo.

En la tabla n° 14 se muestran los criterios para evaluar la salinidad de un suelo, con base en su conductividad.

Tabla nº 14

Criterios para evaluar la salinidad de un suelo, con base en su conductividad	
Categoría del suelo	**Valor (mmhos/cm o dS/m)**
No salino	0 - 2.0
Poco salino	2.1 - 4.0
Moderadamente salino	4.1 - 8.0
Muy salino	8.1 - 16.0
Extremadamente salino	> 16.0

Los elementos del suelo más importantes para la nutrición de las plantas incluyen el fósforo, el azufre, el nitrógeno, el calcio, el hierro y el magnesio. Investigaciones recientes han mostrado que las plantas para crecer también necesitan cantidades pequeñas pero fundamentales de elementos como boro, cobre, manganeso y cinc.

LA CALIDAD AMBIENTAL

Las complejas actividades humanas incorporan al suelo elementos que lo contaminan profundamente. Estas adiciones pueden ser la consecuencia de prácticas agrícolas (uso de pesticidas, abonos orgánicos elaborados con residuos contaminados municipales, de ganadería industrial, minería y otras industrias, etc.) o de vaciado de residuos y aguas o de lluvia y/o polvo atmosférico contaminados. Cuando los elementos contaminantes son cationes metálicos tóxicos o pesados que pueden formar compuestos complejos, el suelo tiene una cierta capacidad de secuestrarlos, evitando su transmisión a los vegetales y a las aguas subterráneas y superficiales. Los problemas sobrevienen cuando se sobrepasa la capacidad del suelo de retenerlos, o bien cuando las vías de transmisión evaden este mecanismo (transmisión a la cadena trófica por ingestión de suelo por lombrices y otros animales - incluido el hombre).

Aquí es cuando se aumenta la agresividad química del suelo y ataca a los metales degradándolos por los diversos mecanismos ya visto, y aun a los mejoradotes que se le agreguen.

Se deben cumplir todas las certificaciones ambientales reglamentadas.

ACTIVIDAD

Temario propuesto para debate y resolución

1) Explique las fases que intervienen en el suelo

2) ¿Por qué el suelo es un gran coloide?

3) Defina que se entiende por electroforesis

4) Explique la utilidad del fenómeno de intercambio iónico del suelo

5) Explique la expresión "superficie específica"

6) ¿Cómo se mide la humedad del suelo y en que unidades?

7) ¿Con que instrumento se mide la conductividad eléctrica del suelo?

8) ¿En qué unidades de medida se utiliza para la conductividad?

9) ¿Cuáles son las leyes y decretos ambientales que se deben cumplir en su región?

10) Investigue instrumentos, aparatos y accesorios para medir parámetros físico – químicos del suelo. Haga una lista con sus propiedades.

7
CORROSION Y ADITIVOS

PAR GALVANICO

Éste es un tema muy importante y poco trabajado en el tema de puesta a tierra por el deterioro que origina a nuestro sistema de referencia de tierra, que concretamente causa la corrosión de las jabalinas.

Normalmente los electrodos de puesta a tierra son de cobre, hierro, zinc, acero. Entre estos metales hay una circulación de corriente electrónica que causa la corrosión de los mismos como veremos a continuación, proceso electroquímico conocido como "corrosión galvánica". Este proceso electroquímico necesita un medio de circulación electrolítica que lo provee el agua.

Concepto General

Aquí ante de introducirnos en el tema, queremos hacer unos comentarios. Necesitamos dos metales (par) para que circule una corriente galvánica entre ellos, por ejemplo CU y FE. El hierro hace de ánodo y libera los electrones que viajan por el medio acuoso electrolítico (sales minerales en su interior) y se depositan en el cátodo, en este caso en cobre. Se forma una pila que supera el voltio. Esto lleva a la corrosión del metal anódico más rápidamente de lo que debería, mientras que la corrosión del metal catódico se retrasa bastante en el tiempo. El FE se corroe de 5 a 10 veces más rápido que el cobre.

Esto no es un fenómeno anormal. Los metales vuelven a buscar su estado de equilibrio químico en la naturaleza, del cual el hombre los sacó.

De ello surgen dos consideraciones importantes:

1. Cuando implantamos una jabalina de cobre, formará par galvánico con todo el hierro que pueda haber en el infinito del suelo y sufrirá corrosión.

2. El hierro contenido en el hormigón seguirá formando par galvánico con otros metales ya que siempre el hormigón contiene humedad.

CORROSIÓN Y DEGRADACIÓN DE METALES

Los metales poseen electrones libres. Estos electrones son el resultado del tipo de enlace metálico. Cada metal tiene una cierta cantidad de electrones libres, de tal forma que el metal es eléctricamente neutro (número de electrones libres = número de átomos metálicos cargados positivamente). Cuando dos metales distintos se ponen en contacto entre sí, genera un desbalance de electrones libres.

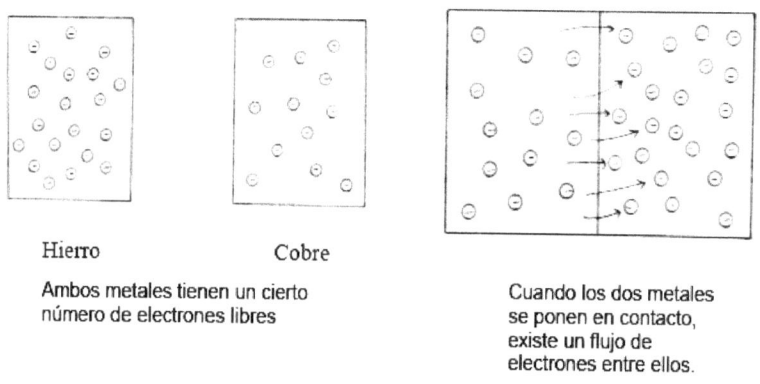

Hierro   Cobre

Ambos metales tienen un cierto   Cuando los dos metales
número de electrones libres   se ponen en contacto,
                                         existe un flujo de
                                         electrones entre ellos.

Figura nº 76

En este flujo, el Fe queda con menos electrones y el cobre con más electrones. Esto genera carga positiva en el Fe y carga negativa en el CU.

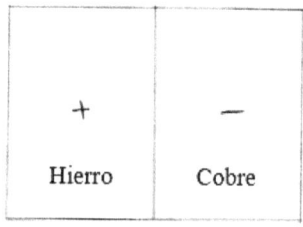

Figura nº 77

Este fenómeno se conoce como acople galvánico y se observa claramente la formación de una pila.

Ahora si ponemos en contacto el cobre y el hierro con un líquido, se generará el fenómeno de la corrosión galvánica.

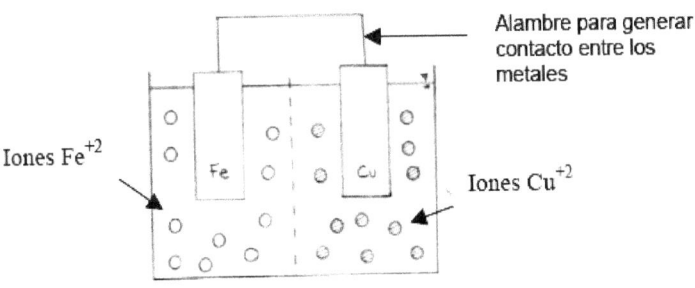

Figura n° 78

La corrosión galvánica se explica de la siguiente manera:

Debido al contacto entre los dos metales ya sea por un alambre o un electrolito, viajan los electrones. El hierro adquiere carga positiva, mientras que el cobre cargas negativas debido al exceso de electrones. Estas cargas eléctricas están en equilibrio entre sí. Los iones ce CU^{+2} que están disueltos en el líquido, están en contacto con los electrones libres que están en exceso sobre la superficie del CU.

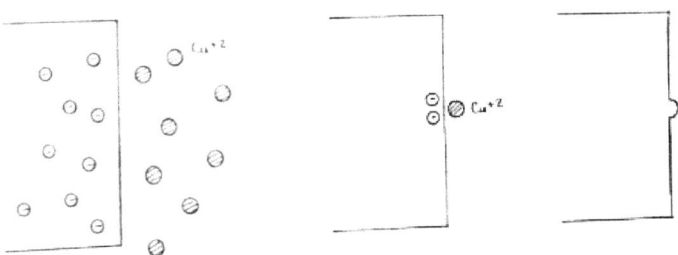

Figura n° 79

Cuando un ion CU^{+2} se acerca a dos electrones libres, se da la relación

$$CU^{+2} + 2e- \rightarrow CU$$

El CU metálico se genera a partir de esta reacción, queda depositado en la superficie del cobre original. El número de electrones libres en la superficie del cobre se reduce. La reacción continua hasta que los electrones en el cobre se acaban.

Los iones cobre en solución (CU^{+2}) se depositan en la superficie del cobre metálico hasta que se agotan los electrones libres. Pero, como el cobre permanece en contacto con el hierro, busca la forma de obtener más electrones libres para poder obtener de nuevo su carga negativa de equilibrio.

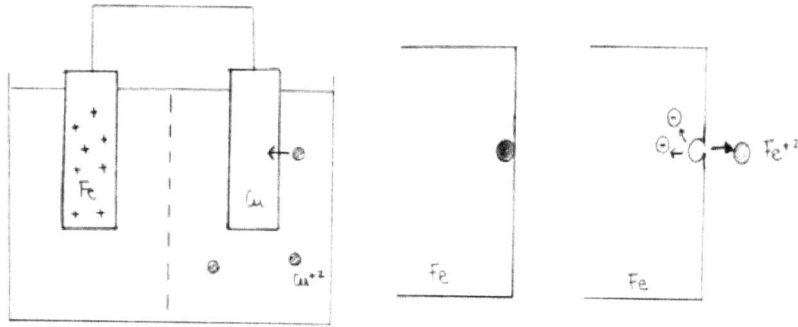

Figura nº 80

La única forma de obtener más electrones del hierro, es por medio del siguiente proceso. Un átomo de hierro sigue la siguiente reacción:

$$Fe \rightarrow Fe^{+2} + 2e-$$

Esto produce dos electrones libres capaz de viajar al cobre y un ion Fe^{+2}. Este ion sale del hierro metálico y se disuelve en el líquido que lo rodea. El hierro metálico empieza a deteriorarse.

El cobre consume electrones mientras que el hierro entrega electrones a costa de su destrucción.

La corrosión galvánica en el suelo es inevitable. Los minerales disueltos en el suelo en combinación con la humedad favorecen y aceleran el proceso.

Serie Galvánica

Tal como se encuentra en la norma, la serie galvánica nos predice cual metal se corroe con cual.

Cuando dos metales se ponen en contacto entre si, se corroe aquel que está más abajo en la serie galvánica (los metales activos), mientras que el metal que está más arriba no se corroe (metales pasivos).

Se debe evitar la corrosión galvánica de los metales más extremos de la serie.

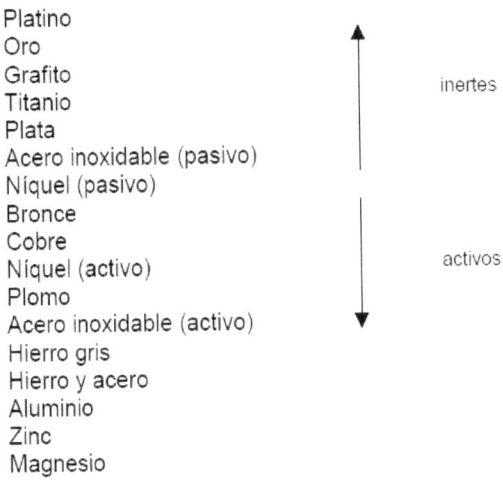

Platino
Oro
Grafito
Titanio
Plata
Acero inoxidable (pasivo)
Níquel (pasivo)
Bronce
Cobre
Níquel (activo)
Plomo
Acero inoxidable (activo)
Hierro gris
Hierro y acero
Aluminio
Zinc
Magnesio

inertes

activos

Figura nº 81 Serie Galvánica

CORROSIÓN ATMOSFÉRICA

La corrosión galvánica no es el único proceso químico de deterioro de los metales en el suelo de acuerdo a los principios de la termodinámica, también se suma la oxidación que como su nombre lo indica es por presencia de oxígeno.

El oxígeno proviene de la atmósfera en estado gaseoso o de la humedad.

Como en la atmósfera siempre existe humedad a la temperatura ambiente, los metales se destruyen más por corrosión que por la oxidación. Siendo sus efectos muchos mayores en los metales que se encuentren en contacto directo con agua, como por ejemplo, las estructuras marinas.

El hierro, en presencia de la humedad y del aire, se transforma en óxido férrico o ferroso por ejemplo y, si el ataque continúa, termina por destruirse todo él; en el caso del concreto se lo proporciona el agua de la humedad.

Veamos el caso del cobre, el Cu(0) pasa a Cu(+1), el cual pasa a su vez a *Cu* (+2), son reacciones de oxidación, es decir de ganancia de carga + o de perdida de e-(que es lo mismo) por lo cual se transforma en oxido de cobre (de color verdoso característico) y, por ende, la oxidación siempre es un envejecimiento / descomposición / erosión.

La corrosión y oxidación son favorecidas por ácidos (medio ácido) como lluvia ácida, carbonatación, cloración, productos químicos arrojados al suelo, etc.

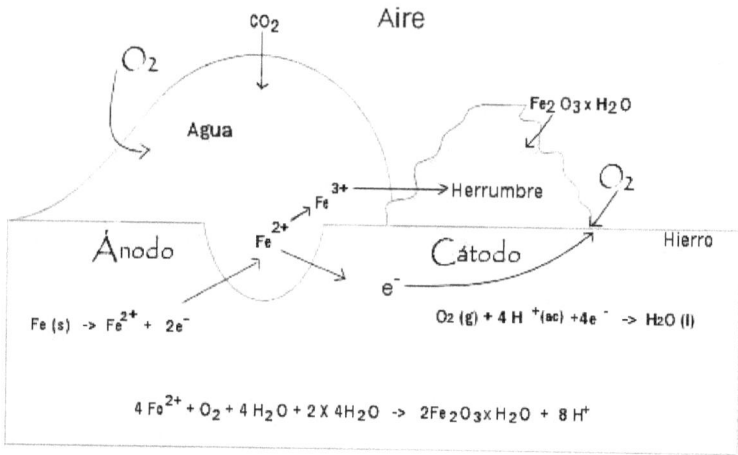

Figura nº 82 Oxidación del hierro

PROTECCIÓN CATÓDICA

Como hemos visto cuando dos metales de diferentes tipos están inmersos en un suelo mojado o húmedo, se forma una celda electrolítica básica. Entre los dos electrodos de la celda se desarrollará una tensión igual a la diferencia de los potenciales de oxidación de los metales. Si estos electrodos se unen entre sí a través de una conexión de baja resistencia, la corriente fluirá a través del electrolito con la erosión resultante del elemento anódico del par.

Se utilizan tres técnicas básicas para disminuir la tasa de corrosión de los metales enterrados.

La primera técnica es aislar los metales del suelo utilizando recubrimientos protectores. Esto interrumpe el flujo de la corriente a través del electrolito y detiene la corrosión del ánodo. Sin embargo, la aislación no es un método de prevención aceptable contra la corrosión para electrodos de tierra.

La segunda técnica para reducir la corrosión galvánica es evitar la utilización de diferentes metales en un lugar; por ejemplo, si todos los metales en contacto con el suelo son de un tipo (tales como hierro, plomo o cobre), la corrosión galvánica se reduce al mínimo posible.

Por último la tercera técnica para combatir la corrosión causada por corrientes vagabundas directas y uniones de metales diferentes se denomina comúnmente "protección catódica". La protección catódica se puede aplicar mediante el empleo de ánodos o la utilización de una corriente externa para contrarrestar la tensión producida por oxidación. Los ánodos de protección, que contienen magnesio, aluminio, manganeso u otros metales altamente activos, se pueden enterrar en la zona cercana y conectar un pilote de hierro, conducto de acero, o blindaje de plomo en cables. Los ánodos activos se oxidarán más rápidamente que el hierro o plomo y proporcionarán los iones requeridos para el flujo de corriente. El hierro y plomo son catódicos con respecto a los ánodos de protección, y esta corriente se proporciona para contrarrestar la corrosión del hierro o plomo.

ADITIVOS Y MEJORADORES DE SUELO

Buscamos dentro de los sistemas de puesta a tierra una baja resistencia de puesta a tierra y en forma general esto puede obtenerse utilizando un arreglo de cualquiera de los electrodos de puesta a tierra conocidos (jabalinas, contrapesos, mallas, placas, anillos, entre otros) como vimos, cuando los suelos presentan una resistividad eléctrica alta, suelos inestables eléctricamente o para evitar colocar más electrodos.

No obstante, en muchos casos obtener un valor de resistencia de puesta a tierra bajo plantea gran costo, o incluso en ciertos casos, existen limitaciones en cuanto al espacio o a las condiciones del terreno que obligan a explorar otras opciones.

Dentro de estas opciones se encuentran los electrodos embutidos en concreto que gracias a las características higroscópicas del concreto y a su composición alcalina y conductora, numerosos autores han explorado las ventajas de su uso.

Existen otras sustancias que pueden ser utilizadas como agentes reductores de la resistencia de puesta a tierra; sin embargo, en muchos casos estos agentes reductores migran al terreno y pierden efectividad a lo largo del tiempo o es necesario mantener humectado el terreno en donde se encuentran e incluso pueden ser agentes que inicien la corrosión sobre el electrodo.

Veremos diferentes mezclas conductivas que permitan reducir efectivamente la resistencia de puesta a tierra, que sean estables frente a las variaciones climáticas, que ofrezcan una baja resistencia de contacto y que mantengan su efecto durante largo tiempo.

De acuerdo con lo establecido en la IEEE 142, la resistividad del suelo podrá ser reducida por cualquier tipo de tratamiento químico desde el 15% hasta el 90%, dependiendo del tipo y textura del suelo circundante. Existe una gran cantidad de medios químicos para ello tales como cloruro de sodio, sulfato de magnesio, sulfato de cobre y cloruro de sodio, siendo los más comunes las sales, el sulfato de magnesio, caolín, bentonita, arena volcánica, carbón vegetal, gels con distintos nombres comerciales. Los químicos son generalmente aplicados alrededor de la trinchera circular – hueco – del electrodo de tal manera que quede en íntimo contacto con éste. Cuando el tratamiento del suelo realizado no permanece en el tiempo o por largos períodos, éste puede acelerarse saturando con agua el área tratada o puede ser renovado periódicamente según características del suelo y de la sustancia química.

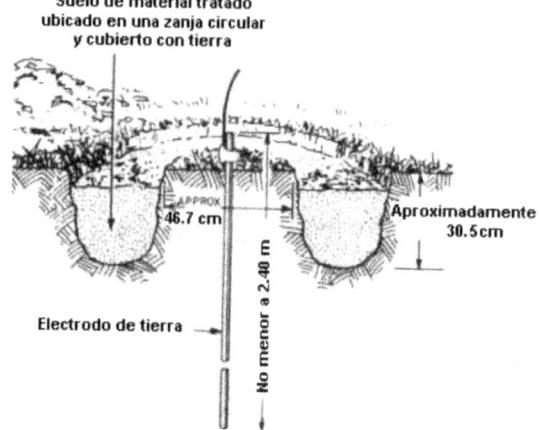

Figura n° 83 Tratamiento del suelo mediante mejorador ubicado alrededor de la jabalina

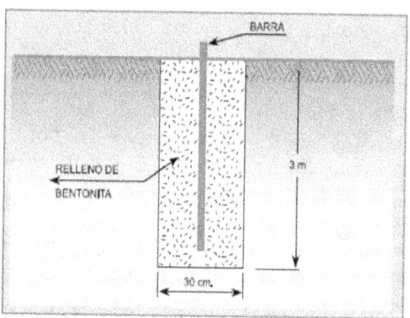

Figura n° 84 Pozo relleno con bentonita

La cantidad de material de relleno requerido está determinado en muchos casos por el volumen de interfase y por los principios del cilindro crítico. Un electrodo de tierra establece una conexión a tierra afectando solamente un cierto volumen del terreno, llamado volumen de interfase. En el caso particular de una varilla de tierra, la conexión completa está contenida dentro de un radio el cual es 2.5 veces la longitud de la varilla. La mayoría de las conexiones a tierra ocurren en un cilindro cercano al electrodo, el llamado cilindro crítico.

Los estudios realizados sobre la influencia del terreno dentro del volumen de interfase, demuestran que 15 centímetros de terreno en cualquier dirección radial establecen hasta el 52% de la conexión a tierra, y 30 centímetros establecen el 68% de esta influencia. Para 60 centímetros, la influencia es muy poca y por la tanto se recomienda como cilindro critico el que está dentro de un diámetro entre 30 y 60 centímetros.

En lo que respecta a los contrapesos rellenos (lecho relleno) con cementos conductores, el ancho recomendado es de 30 centímetros y el espesor de 5

114

centímetros. Su longitud está determinada por la resistencia objetivo y la resistividad calculada del terreno.

Los rellenos mejoradores y aditivos deben ser específicos para mejorar la resistividad y deben cumplir normas diversas de fabricación, tratamiento e incluyendo normas medioambientales. Las normas IEEE 80 y 142 establecen que los mejoradores de suelo son determinantes para optimizar el voltaje de paso y corriente de choque.

Los aditivos y/o mejoradores en conjunto con el electrodo deben tener una capacidad de radio de acción (volumen de interfase) hasta 2.5 veces la longitud de la varilla o electrodo durante su vida útil de ser posible, para ello según el material debe ser instalado alrededor de la varilla entre 30 y 60 centímetros alrededor de él.

El aditivo o mejorador se aplicará con las instrucciones del fabricante ya sea por medio de un hueco alrededor del electrodo o un aditivo aplicado al suelo circundante de la varilla como muestran las figuras n° 82 y n° 83.

"El mejorador del suelo debe ser químicamente estable, altamente higroscópico, no dejarse corroer por los suelos ácidos o metales, ser estable con todos los cambios climáticos, no dejarse lavar por el agua y tampoco deberá ocasionar corrosión en los electrodos". Son especificaciones difíciles de alcanzar, por ello se debe controlar periódicamente el estado del suelo, mínimo dos veces al año.

Para suelos que tengan una resistividad entre 100 y 300 Ohmios-metros al aplicar el mejorador se deberá reducir como mínimo el 30%, siendo deseable alcanzar el 50% de la medida original.

A su vez deben poder mejorar la impedancia para disipar rápido los transitorios de descargas atmosféricas.

Los mejoradores o aditivos deberán ser estables ante las descargas atmosféricas y los ciclos de humedad y calor del suelo, estaciones de lluvia y de sequía. Deberán ser no contaminantes del medioambiente, seguros y no degradar los suelos circundantes. La eficacia del compuesto debe tener en cuenta el carácter geológico y el carácter químico del terreno, en particular la cantidad de sales o de otros electrólitos disueltos en el terreno, la temperatura del terreno y la humedad del suelo. La cantidad de humedad en el suelo natural o artificial (rellenos y/o aditivos) dependen de la granulometría: tamaño del grano, compactación y la variabilidad de los tamaños del grano según vimos; para ello debe cumplir y certificar en lo posible con el índice de plasticidad de Attemberg que exige para el polvo del compuesto un tamaño menor a 2 micras y una alta superficie específica.

El fabricante deberá suministrar resultados de laboratorio del comportamiento del mejorador o aditivo ante las circunstancias arriba descriptas.

Además el fabricante deberá indicar para qué tipo de suelo es apto su compuesto y su vida útil, dichos materiales deberían tener una vida útil cercana a los 5 años según los estándares internacionales.

Los ensayos que se le deben hacer a los mejoradores, rellenos o aditivos según la norma ASTM G57 y que deben certificar, son los siguientes:

1. Prueba de resistividad eléctrica mediante la caja de Millar

Se mide la resistividad eléctrica con temperaturas de 5 °C, 10 °C, 20 °C, 30 °C y 40 °C.

A la medición de resistividad de la muestra del suelo mejorado o el aditivo, se le hace el ensayo en laboratorio en estado volumétrico seco y húmedo, de acuerdo con lo establecido en las normas de procedimiento ASTM D2216 ó D4643.

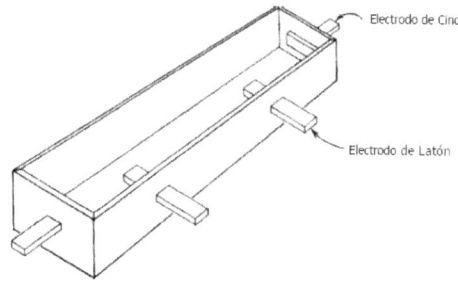

Figura nº 85 Caja de Miller

2. Prueba de no corrosión con los electrodos

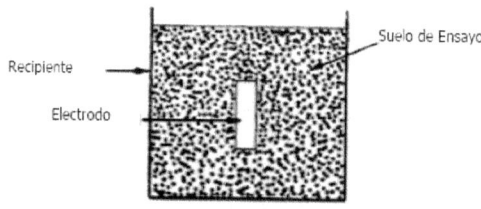

Figura nº 86 Procedimiento para ensayo de corrosión en suelo

Todos los aditivos o mejoradores de suelos se les controlan la no corrosión y propiedades ambientales con el electrodo de acuerdo con uno de los métodos planteados en las normas ASTM G162 o ASTM G31.

Por último, se puede usar el cemento con aditivos y formar cilindros de 7 centímetros de diámetro y 20 centímetros de alto para ser ensayados y medida su resistividad eléctrica. Estos aditivos pueden ser bentonita, caolín, carbón o productos químicos comerciales.

El concreto conductivo bajo condiciones de humedad ofrece una disminución de la resistencia de puesta a tierra cuando la resistividad del suelo es mayor a los 100 Ω.m y en suelos con alta resistividad como 1000 Ω.m.

Sin embargo para suelos con resistividades cercanas a los 100 Ω.m el concreto no brinda una disminución de la resistencia de puesta tierra apreciable, pero en estos casos el concreto brinda protección contra los agentes corrosivos del terreno, aumentando la confiabilidad y vida útil de la jabalina. Por lo que aun en esos casos sigue siendo una alternativa interesante de aplicación.

Nota: la facultad de ingeniería de la universidad nacional de Córdoba realizó un trabajo de campo con diversos electrodos y mejoradores. El seguimiento de sus valores óhmicos medidos durante varios años, arrojó como resultado que las jabalinas sin mejoradores tenían un valor alto inicial e iban subiendo lentamente en el tiempo. Mientras que las jabalinas con mejorador tenían un valor óhmico inicial bajo y subía rápidamente en el tiempo.

No se utilizarán tratamientos químicos para el sistema de puesta a tierra si no cumplen "normativas ambientales".

ACTIVIDAD

Temario propuesto para debate y resolución

1) Explique que es el par galvánico y porque afecta a una pat.

2) ¿Qué se entiende por pila de Volta?

3) ¿Qué propiedades tiene la serie galvánica?

4) ¿Qué es la protección catódica?

5) ¿Qué es un ánodo de sacrificio?

6) ¿Para qué se usan los aditivos y mejoradores en una puesta a tierra?

7) ¿Qué recomiendan las normas IRAM 2281 respecto del uso de mejoradores para varillas IRAM 2309?

8) ¿Qué ventajas y desventajas tiene el uso de ClNa en el suelo?

9) ¿Qué ventajas y desventajas tiene el uso de carbonilla en el suelo?

10) ¿Qué ventajas y desventajas tiene el uso de bentonita en el suelo?

11) Investigue sobre protección catódica, elabore una monografía.

12) En las figuras n° 83 y n° 84 calcule el valor de puesta a tierra en cada caso con los siguientes datos. Resistividad del terreno 400 Ohm.metro, longitud de la varilla 1,5 metro.

13) En la siguiente figura tenemos cuatro jabalinas de 1 metro en paralelo. Calcule la resistencia total con los siguientes datos: Resistividad del terreno 300 Ohm.metro, longitud de la varilla 1 metro. Distancia de separación entre las jabalinas >2 metros.

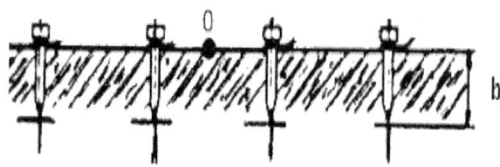

SEGUNDA PARTE
ELECTRODO DINÁMICO

1
Electrodo Dinámico Y Sus Accesorios

Introducción

En el presente capítulo se definirán las características generales, los métodos de ensayo y los materiales metálicos para la fabricación de "electrodos dinámicos" (denominadas popularmente como "jabalinas electroquímicas") y sus accesorios que le han permitido llegar a la expresión de una norma IRAM propia de fabricación, IRAM 2314, la cual iremos comentando.

Los electrodos dinámicos son dispositivos electrolíticos desarrollados en Córdoba desde 1990 por empresas privadas en conjunto con la Universidad Nacional de Córdoba y, desde esa época, se estudian y analizan exhaustivamente por grupos de investigación integrados por profesionales de empresas privadas y científicos de instituciones reconocidas hasta la fecha.

Existen a la fecha más de mil instalaciones en el territorio argentino tanto en clima árido en la puna (Jujuy) como en clima muy fríos en el caso de la Antártida Argentina.

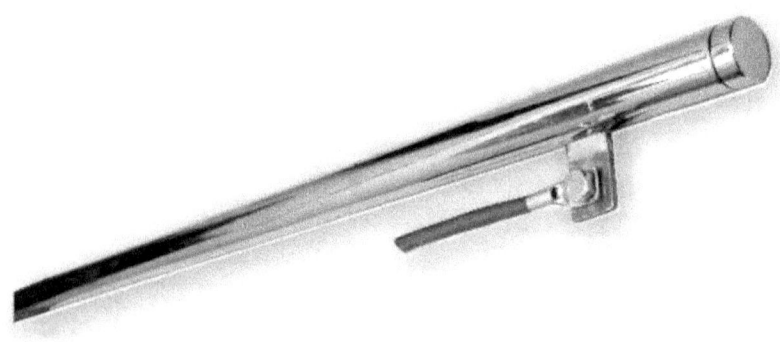

Figura n° 87 Electrodo Dinámico

Los electrodos dinámicos fueron desarrollados para lograr tomas de tierra de valores bajos y estables tanto en suelos de alta resistividad como de gran dureza en el caso de la roca. Otra característica de importancia es la capacidad de los electrodos dinámicos de dispersar corrientes eléctricas de alta intensidad durante tiempos prolongados sin que ocurran variaciones químicas en su compuesto externo mejorador donde está implantado y sin deterioro de la misma.

Veremos los requisitos que cumplen tanto sus accesorios como los electrodos dinámicos para puesta a tierra, el cual está constituido por un conductor principal consistente en un tubo de cobre hueco y un compuesto químico pastoso de alta conductividad que lo rodea y que actuará de interfase suelo-electrodo, en el lugar donde se instale.

La utilización de los electrodos dinámicos es amplia y cubre todas las necesidades de las puestas a tierra tanto de servicio como de protección de las instalaciones de alta tensión, media tensión, baja tensión, comunicaciones, electrónica digital, pararrayos, etc. Es importante destacar que, debido a la baja impedancia a tierra que se logra con estos dispositivos, su uso ha sido muy difundido donde se necesitan dispersar a tierra corrientes pulsantes de altas frecuencias, tanto en alta como en baja tensión como se ha demostrado tanto en ensayos como en la práctica de casi 20 años en el mercado.

Los electrodos dinámicos son aptos para cualquier clase de terrenos, especialmente para los corrosivos y para los de altas resistividades debido a la gran superficie de contacto electroquímico entre el electrodo y el suelo o rocas, y además por los distintos modelos existentes que permiten su capacidad de adaptación.

DEFINICIONES Y PARTES DEL KIT

Veamos algunas definiciones y conceptos nuevos que trae este nuevo concepto de hacer puesta a tierra como indica la norma IRAM, y como está formado el kit de puesta a tierra.

Se denomina **electrodo dinámico** (ED) a un tubo redondo de cobre electrolítico con perforaciones en su pared, con su extremo inferior obturado y con un tapón extraíble para sellar el extremo superior del tubo. Este tapón es de material no corrosible.

Como vemos en la figura n° 87 en su extremo superior tiene un **borne de conexión.** El mismo consiste en una planchuela de cobre electrolítico, soldada metalúrgicamente con soldadura autógena, cuproaluminotérmica o sistema TIG de atmósfera inerte (siempre con material de aporte de aleación de plata). Esta planchuela lleva una perforación para colocar el tornillo con tuerca que sujeta al terminal con el cable de conexión de puesta a tierra. En los dos primeros casos de soldadura lleva material de aporte de aleación de plata (con un porcentaje mínimo del 5 % de plata).

121

Esta soldadura mantiene vinculada eléctricamente la planchuela al electrodo y soporta un esfuerzo de tracción ejercido por el cable en su manipuleo. La soldadura garantiza la circulación de la máxima corriente eléctrica de corto-circuito permitida por la resistencia de puesta a tierra que ofrezca el conjunto electrolítico (ED + CEM).

CEM, compuesto externo mejorador, es un compuesto químico electrolítico mejorador externo que viene en seis baldes de 20 litros cada uno. Es un compuesto de sales minerales, que conforman un gel conductor que actúa como interfase eléctrica entre el electrodo dinámico instalado en el hoyo y el suelo circundante. Estas sales minerales son inertes, inocuas y no agresivas al suelo circundante cumpliendo con normas de medioambiente.

El CEM tiene la forma de una solución de base acuosa (gel) lista para usar, siendo sus componentes sales minerales de las características de inocuidad de las disueltas en agua corriente. La solución presenta un pH promedio entre 7,10 y 6,90, de esa forma permanece neutro y estable en el tiempo sin perjudicar al medio ambiente.

Figura nº 88 Balde de compuesto CEM

El CEM sirve como medio de contacto eléctrico eficaz entre las paredes del hoyo (suelo o roca) y el electrodo metálico, manteniendo una íntima conexión eléctrica entre las dos partes. De esta manera se obtiene una superficie de contacto que mejora la resistencia óhmica de puesta a tierra y la impedancia en los suelos de alta resistividad eléctrica.

El CEM posee una resistividad volumétrica menor que 0.5 Ω.m, superando la especificación de la norma.

El envase del compuesto químico externo (CEM) es totalmente hermético para evitar la evaporación del agua de la solución y la consiguiente pérdida de sus características químico-eléctricas, facilitando su transporte.

FIX, compuesto mineral interno, que la norma lo denomina compuesto químico interno (CQI). Es un compuesto de sales minerales de disolución lenta, que mantienen la conductividad eléctrica del compuesto químico colocado en el hoyo (CEM), mediante equilibrios electroquímicos. La presentación es a través de pastillas donde las mismas sales que tiene el CEM, están comprimidas en un diámetro tal que permiten su fácil ingreso al tubo por el extremo de tapón de carga como indica la norma.

El compuesto químico utilizado está formado por sales minerales conductoras no tóxicas ni dañinas tanto para las personas como para el medio ambiente. Estas propiedades ya se han demostrado que permanecen inalterables en el tiempo.

Dichas sales minerales no reaccionan con el agua formando nuevos compuestos químicos ni se filtran en las napas freáticas, por ende tampoco contaminan su entorno. Están en contacto permanente con el electrodo y no lo agreden electrolíticamente garantizando que, en un lapso de veinticinco años, el tubo mantenga el 90 % de su masa metálica intacta e inalterada sus propiedades eléctricas superando ampliamente los 10 años solicitados por la norma. No utiliza cianuros, sales arsenicales o de metales tales como litio, cadmio, plomo y otros que puedan ser perjudiciales para la salud humana, animal y vegetal como veremos en el ensayo correspondiente.

El compuesto químico interno FIX pasa por las perforaciones del tubo y entra en contacto con el compuesto químico externo CEM para mantener un equilibrio electroquímico necesario, así logra una estabilidad en los valores de resistencia de puesta a tierra. Este pasaje se produce por un efecto de intercambio iónico de acuerdo como indica la norma IRAM 2314.

En la figura nº 88 vemos la presentación de la bolsa con las pastillas FIX.

Figura nº 89 Compuesto FIX

Tapa de inspección. Es una tapa de fundición de aluminio que permite el mantenimiento periódico y la realización de las mediciones. La norma también permite una cámara de inspección cuya construcción puede ser realizada con materiales no corrosibles y que permitan el tránsito vehicular pesado, esta es una condición muy importante para su instalación.

Esta tapa permite cerrar la boca del hoyo. Es muy fácil acceder al electrodo cómodamente para manipular en el interior a los efectos del mantenimiento y las conexiones eléctricas.

Figura n° 90 Tapa de fundición de aluminio

MODELOS DE ELECTRODOS.

Los electrodos permitidos por la norma son de los largos nominales normales siguientes: 1.200 mm y 2.000 mm.

El electrodo de 1.200 mm de largo se coloca en un pozo de 1,50 metro de profundidad y de 0,30 metro de diámetro, con un relleno de aproximadamente 110 L de compuesto químico externo (CEM). No se cubre el borne de conexión.

Este largo del electrodo es de uso general.

El electrodo de 2.000 mm de largo se utiliza en instalaciones en donde se necesite disminuir los potenciales peligrosos al mínimo, como es el caso de una subestación transformadora. El pozo para este electrodo será de 2,30 metro de profundidad y de 0,30 metro de diámetro, con un relleno de 150 L aproximadamente de compuesto químico externo (CEM).

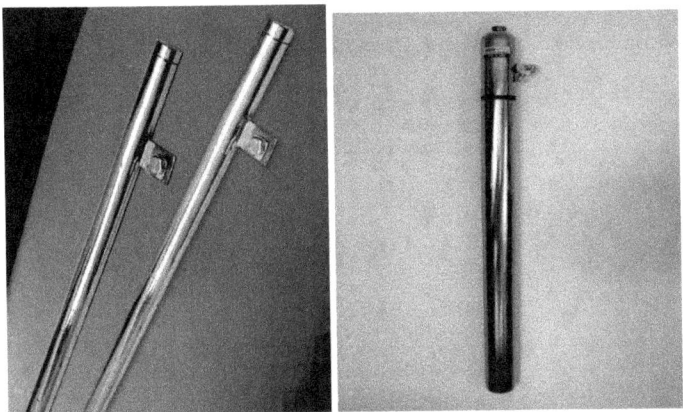

Figura n° 91 Electrodos dinámicos, de derecha a izquierda ED-C20, ED-C20s, y A300

Las medidas normalizadas de los tubos de cobre electrolítico son las que se indican en la tabla siguiente según la norma:

Diámetro interno mínimo de tubo (mm)	Espesor mínimo del tubo (mm)	Largos mínimos (mm)	
25	3	1200 ± 10	2000 ± 10

Tabla n° 15 Tubos de cobre electrolítico normalizados

Los largos de los tubos se miden con un instrumento que pueda apreciar 5 mm. Mientras que los diámetros de los tubos se miden con un instrumento que permita apreciar 0,10 mm de error.

FABRICACIÓN Y MATERIALES PARA LA PRODUCCIÓN DE LOS ELECTRODOS

El tubo con el que está construido el electrodo dinámico es un tubo de cobre electrolítico con una conductividad superior el valor indicado en la norma IRAM 2002. El tubo es un solo tramo extrusionado, uniforme y libre de poros.

También existe un electrodo de acero inoxidable AISI 304 con características similares constructivas de diámetro 3" y 1.5 metro de largo no contemplado en esta norma, cuyo funcionamiento dinámico es igual al de cobre.

El electrodo se mecaniza con los métodos que aseguren la calidad en los distintos procesos de corte, perforado, rectificado, fresado y pulido hasta llegar a la forma física detallada según los planos presentados por el fabricante.

Respecto del borne de conexión. Dicho borneo planchuela es del mismo material que el tubo, o sea cobre electrolítico con una conductividad eléctrica específica igual que la del tubo. Además permite la interconexión eléctrica entre el electrodo y el cable de puesta a tierra. La sección mínima de la planchuela es de 120 mm2 con un espesor mínimo de 4 mm. Estará perforada pasar un tornillo de 10 mm de diámetro con tuerca para soportar el terminal del cable.

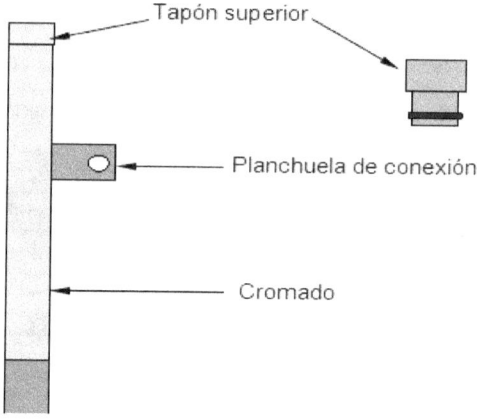

Figura nº 92 Vista superior del ED

El tornillo, la arandela (plana y/o de presión) y la tuerca son de acero inoxidable según la norma IRAM-IAS U 500-690 (equivalente AISI 304).

Los últimos veinte centímetros del extremo superior del electrodo están cromados electrolíticamente dejando descubierto únicamente el borne de conexión. El cromado protege contra la corrosión al metal del electrodo de la niebla salina que se forma con los minerales y la humedad existente en el lugar. Este cromado deberá tener un espesor mínimo de 15 μm.

Cierra el extremo inferior del tubo un tapón del mismo material perfectamente soldado, sellado y pulido.

Mientras que en el extremo superior se encuentra un tapón o tapa de material resistente al medio agresivo y cumple la función de cerrar en forma estanca el extremo superior del tubo que permite la posibilidad de extraerlo manualmente para realizar el mantenimiento. Dispone de un retén tipo oring adecuado para evitar la evaporación de la solución interna.

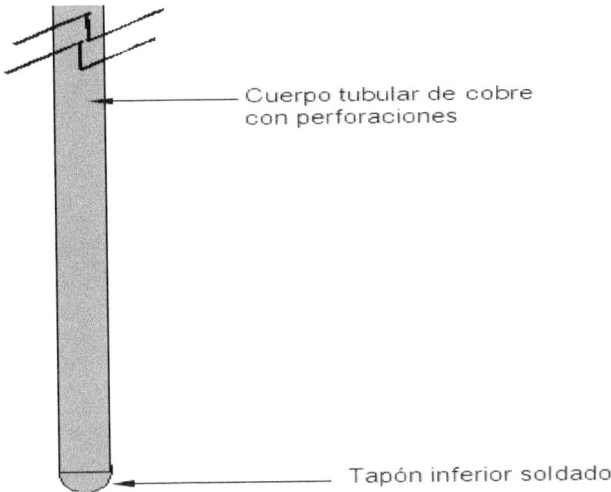

Cuerpo tubular de cobre
con perforaciones

Tapón inferior soldado

Figura n° 93 Vista inferior del ED

Nota 1: los electrodos de cobre ED-C tienen una vida útil de 25 años y una garantía del fabricante de 5 años. Los electrodos de acero inoxidable A-300 se usan en suelos altamente agresivos y/o muy alta acidez con vida útil de muchos años.

Nota 2: la norma exige que la jabalina tenga denominación y marcado (modelo, medidas, marca, año de fabricación y la indicación de la norma IRAM 2314.

ACTIVIDAD

Temario propuesto para debate y resolución

1) ¿Cómo está formado un kit de un electrodo dinámico?

2) ¿Qué es el CEM?

3) ¿Para qué se utilizan las pastillas FIX?

4) ¿Cómo está armado el tubo de cobre del ED?

5) ¿Qué ventaja aporta que el borne de conexión esté soldado al tubo?

6) ¿Qué sucede con corrosión galvánica en este tipo de electrodos?

7) ¿Qué ventaja aporta un electrodo de acero inoxidable?

8) ¿En qué tipo de suelo conviene usar el electrodo de acero inoxidable?

9) ¿Cuál es la aplicación recomendada para el electrodo de 1,2 metros?

10) Investigue normas relacionadas con estos procesos de fabricación.

11) ¿Cuál es la aplicación recomendada para el electrodo de 2 metros?

2
ENSAYOS DEL ELECTRODO DINÁMICO

1° PARTE: ENSAYOS MECÁNICOS

Prueba de resistencia mecánica del borne

La resistencia a la tracción de la soldadura del borne de conexión supera la resultante de aplicar 200 N/mm2 a la sección de la barra en la zona de la soldadura, de acuerdo con lo indicado en la figura n° 94, donde se aplicó la fuerza F.

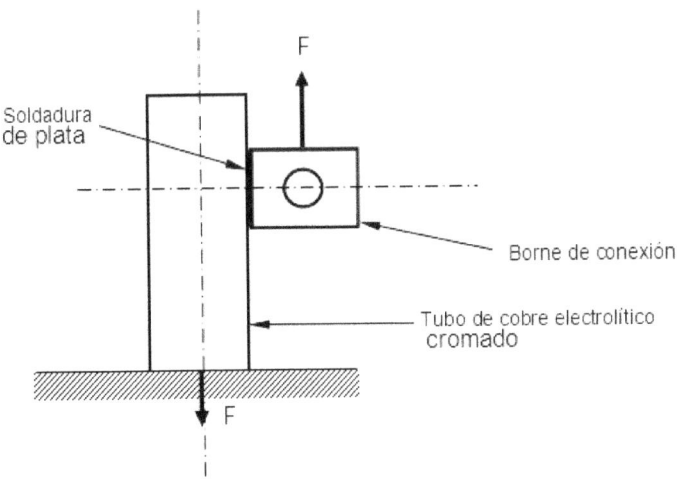

Figura n° 94 Detalle borne de conexión

La prueba de resistencia fue realizada en el INTI –CITEI según el siguiente esquema:

1) Se dispuso el conjunto tubo-planchuela (borne de conexión), de un largo elegido.

2) En el extremo del tubo se colocaron las correspondientes mordazas para tubos. En el extremo opuesto se colocó el accesorio adecuado del borne de conexión a la máquina de tracción.

3) Se aplicó la fuerza de tracción en la dirección indicada en la figura n° 94. Su intensidad se fue aumentando continuamente hasta llegar al 10 % del valor final de la tensión de ensayo, donde se marcaron las posiciones de las piezas que transmiten la tracción.

4) Luego se continuó aplicando la fuerza de tracción hasta llegar al 100 %, valor que se mantuvo por más de un 1 minuto superando lo especificado por la norma.

El ensayo se consideró ampliamente satisfactorio ya que no se observó ningún desprendimiento de la unión soldada.

Resistencia mecánica de la tapa de inspección

La resistencia estática a la compresión de la tapa de inspección en el centro de la tapa superó los 2 Mpa.

Para el ensayo se colocó la tapa con su correspondiente caja en una máquina de compresión, la cual aplicó la fuerza de compresión sobre un disco de acero duro que cubría tres cuartas partes del diámetro de la tapa y estaba centrado sobre el eje de simetría del conjunto.

La fuerza de compresión se elevó hasta alcanzar el 100 %, valor que se mantuvo más de 1 minuto.

El ensayo, realizado en el INTI –CITEI, fue considerado satisfactorio ya que no se produjo en el conjunto ensayado ninguna deformación que impidiera maniobrar fácilmente la tapa.

2° PARTE: ENSAYOS ELÉCTRICOS

Celda o cuba electrolítica

En el laboratorio de alta tensión de la UNC se realizaron las mediciones del compuesto CEM en una cuba electrolítica según especificaciones que se detallan a continuación.

Se utilizó una celda electrolítica prismática recta de 100 mm x 100 mm de base y 110 mm de altura +/- 1 mm, formada por cinco caras de vidrio comercial común de 3 mm nominales de espesor como se observa en la figura n° 95.

Allí se colocarán dos electrodos de láminas de cobre puro de 0,2 mm de espesor nominal, en las dos caras opuestas interiores del prisma. Estas placas eran de 100 mm de ancho y tenían sendas solapas del largo necesario para la conexión de los circuitos de medición (por ejemplo 150 mm) (ver figura nº 96).

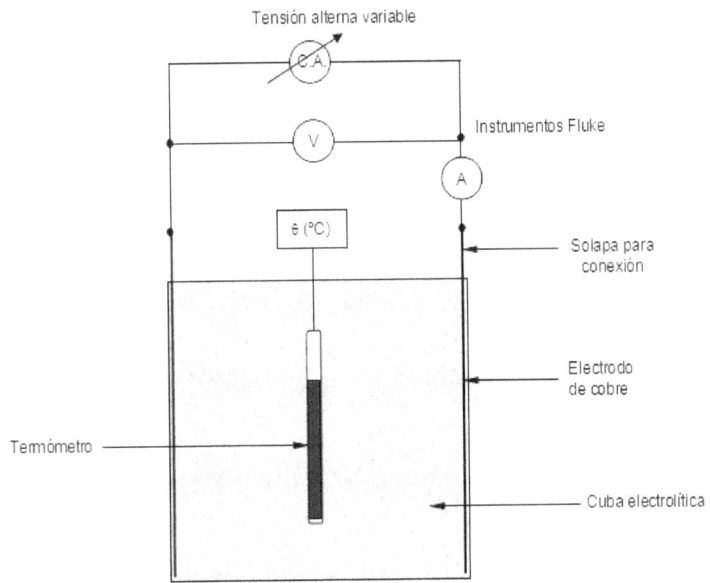

Figura nº 95 Celda electrolítica y su circuito de medición de la resistencia y resistividad eléctrica a frecuencia industrial

Figura nº 96 Cuba electrolítica rellena con CEM en el laboratorio

Calibración de la celda electrolítica

Se calibró la cuba de acuerdo con la curva de resistividad de una solución acuosa salina de NaCl de 2 g/L de agua desmineralizada bidestilada, la cual corresponde aproximadamente a una resistividad de 3 Ω.m a 20 °C, de acuerdo con la figura 16 de la norma IRAM 2280-1: 1994, *"Técnicas de ensayo con alta tensión"*.

Se colocó un litro de esta solución en la cuba electrolítica y se midió la resistencia electrolítica en corriente alterna a la temperatura indicada en un termómetro que permita apreciar 0,5 °C.

Para medir las resistencias electrolíticas R se empleó el circuito de la figura nº 9. El valor medido de R de la cuba fue de 39 Ω.

De la curva normalizada de resistividad en función de la salinidad y la temperatura, se extrapoló el valor de la resistividad de la solución contenida por la cuba. El valor medido de resistividad de la cuba fue de 3.9 Ω.m.

Con el valor de la resistencia electrolítica medida de la cuba se calculó la constante K (m) para luego determinar la resistividad con la siguiente fórmula:

$$\rho = K \cdot R$$

Siendo:

ρn: la resistividad $(\Omega \cdot m)$ deducida de la curva normalizada

Kn: constante (m) de la celda normalizada

K = 3,9 / 39 = 0,1 (m)

Con este valor de K se procedió a realizar las mediciones y cálculos para el compuesto CEM.

Variación de la resistividad eléctrica del CEM en función de la corriente alterna que lo atraviesa (método volt-amperimétrico).

En la celda electrolítica descripta arriba se colocó la masa del CEM para ocupar el mismo volumen que el litro de solución patrón.

Se partió de 20 °C ± 10 °C y llegando hasta 100 °C ± 10 °C, el mínimo de la curva de resistividad estará comprendido entre un 50 % y un 70 % del valor inicial de la resistividad determinada a la temperatura de 23 °C +/- 10 °C.

En esta cuba electrolítica se utilizó el método del calentamiento eléctrico de la masa de CEM. La temperatura ambiente era de 20 °C.

La tensión aplicada V fue medida con voltímetro con una precisión de 10 mV y la corriente del amperímetro con una precisión de escala de 10 mA. La tensión fue subida de a pasos de 10 VAC comenzando desde cero en forma rápida y luego más lento en el tiempo a partir de los 50 VAC para que la corriente sea significativa.

Tabla n° 16

Mediciones	Valores medidos				Valores calculados	
$N°$	t [Min]	V [volt]	I [amp]	Θ [°C]	$R[\Omega]$	$\rho[\Omega \cdot m]$
1	1	51	1,27	18,6	40,1	4
2	10	50,8	1,3	20	39	3,9
3	20	50,5	1,35	21	39	3,9
4	30	50,8	1,35	22,2	37,6	3,7
5	40	51,1	1,43	23	35,7	3,6
6	50	60,6	1,72	23,4	35,2	3,5
7	60	60,6	1,8	24,3	33,7	3,4
8	70	70	2,5	26	28	2,8
9	80	70	26,2	27	27	2,7
10	90	80	2,8	28	28,5	2,8
11	100	80,2	2,9	29,1	27,6	2,7
12	110	90,6	3,13	30,6	28,9	2,9
13	120	89,2	4,07	43,3	21,9	2,2
14	130	104,2	5,16	48,3	20,2	2
15	140	102	6,5	63	15,7	1,6
16	150	88	6,12	73	14,4	1,4
17	170	78	6,38	76	12,2	1,2
18	190	69	6,2	78	11,2	1,1
19	210	60	5,8	80	10,3	1
20	230	59,1	5,5	92	10,7	1
21	240	50	5,5	93	9,1	0,9

De estas mediciones se obtuvieron varias conclusiones. Por una parte existe conducción iónica y también metálica. A su vez con los parámetros de temperatura, corriente y tiempo se demostró que el compuesto tiene capacidad de conducción en aumento a medida que pasa el tiempo.

Esto permitió mejorar la conductividad del compuesto CEM, alcanzando hoy en día el valor de ρ es < 0,40 $\Omega \cdot m$. Con las mejoras que se han ido realizando se consiguen actualmente valores de 0,30 $\Omega \cdot m$.

Curva de la resistividad eléctrica del CEM en función de la temperatura.

A continuación se traza la curva de la resistividad del CEM en función de la temperatura estabilizada y medida en el seno del CEM en base a los valores obtenidos en la tabla n° 16.

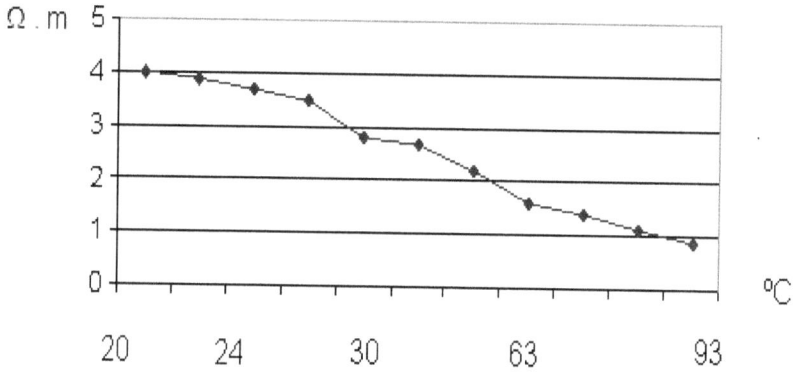

Figura n° 97 Variación de la resistividad del CEM en función de la temperatura

Variación de la resistividad eléctrica del CEM en función de la temperatura

Utilizando la cuba del ensayo anterior, con el compuesto ya estabilizado térmicamente, se midió la resistividad a temperatura ambiente. Después se coloca la cuba en una cámara de frío bajando hasta – 30 °C. Con el CEM estabilizado a esta temperatura se midió la resistividad con corriente alterna arrojando los siguientes resultados.

Tabla n° 17

Temperatura °C	Resistividad $\Omega \cdot m$
20	0,9
10	1,1
0	1,8
-10	2,8
-20	3,6
-30	4,4

Se procedió a graficar con la tabla n° 17 de la variación de la temperatura bajo 0°C, dando el siguiente gráfico de la figura n° 98:

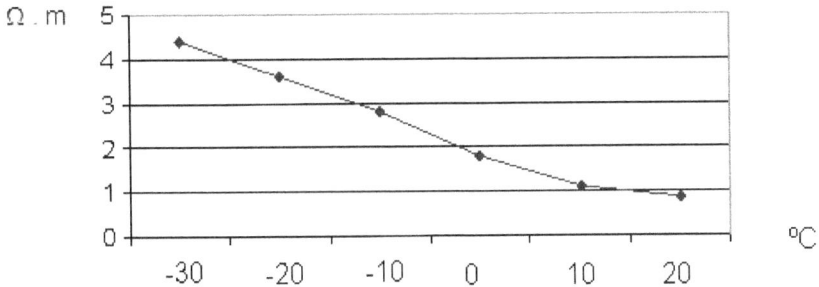

Figura nº 98 Variación de la resistividad en función de la temperatura bajo 0 ºC

Este ensayo dio como resultado que no se congela el compuesto CEM, la conducción iónica y metálica siguen trabajando.

Uniendo las curvas se obtiene una curva exponencial decreciente con pendiente suave por debajo de cero como una exponencial creciente pasando los 100 ºC.

Ensayo de campo con circulación de corriente permanente

Nota: este ensayo no es solicitado por la norma IRAM 2314

El ensayo realizado en el campo del Laboratorio de Alta Tensión, Facultad de Ingeniería perteneciente a Ciencias Exactas Físicas y Naturales, consistió en el estudio de los Electrodos Dinámicos implantados en el suelo ante Fenómenos Térmicos causados por la circulación permanente de corriente de frecuencia industrial con una intensidad elevada.

Se implantaron dos electrodos dinámicos ED-C20 distanciados unos 10 metros entre sí para evitar cualquier tipo de acoplamiento.

Se utilizó un transformador de entrada trifásica y salida bifásica, cuya salida alcanzo el valor de 1.000 VAC – 50 Hz aplicando a los electrodos con cables de 50 mm2 de sección una corriente de aproximadamente 60 A. Se utilizó instrumental de medición consistente en amperímetros y voltímetros calibrados como se observa en la figura nº 99.

El ensayo duró varias horas, el valor promedio de resistencia de puesta a tierra de los electrodos partió de 15 Ohms, y después al alcanzar la temperatura de 100 ºC el valor de resistencia había caído a 7,6 Ohms. A partir de esta temperatura empezó a subir la resistencia llegando cerca de los 16 Ohms.

Figura nº 99 Transformador de 1.000 VAC

Figura nº 100 Vapor saliendo del ED

Este fenómeno se debió a que empezó a evaporarse el agua del compuesto CEM y disminuyendo así el agua para conducción electrolítica. Se alcanzó a llegar a 130 °C. Se mantuvo más de 30 minutos cerca de los 100 °C hasta alcanzar los 130 °C.

La curva obtenida fue la siguiente:

RESISTENCIA DE DISPERSION DEL ELECTRODO
EN FUNCION DE LA CORRIENTE

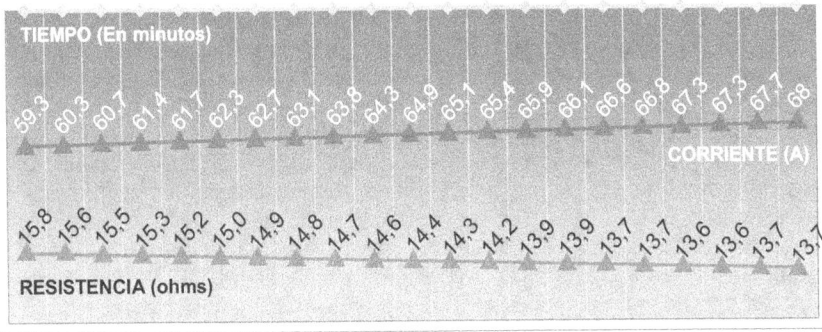

Figura nº 101

Una vez enfriadas las masas del CEM en el suelo, se procedió a agregarle agua y pastillas del compuesto FIX, midiéndose nuevamente con telurímetro. Los valores obtenidos fueron de 7 y 8 Ohms respectivamente.

RESISTENCIA DE DISPERSION DEL ELECTRODO EN
FUNCION DE LA TEMPERATURA

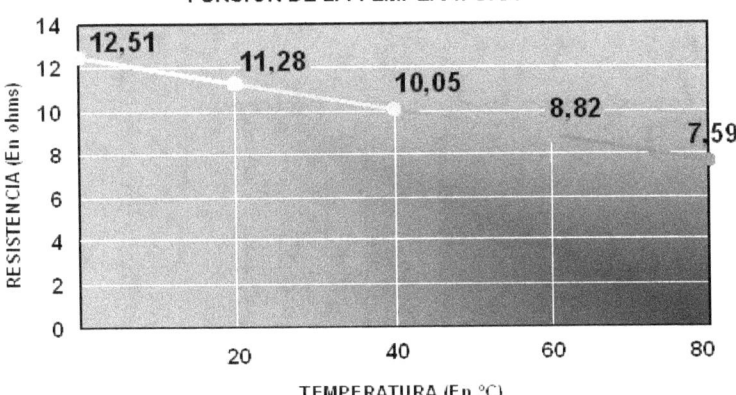

Figura nº 102

Este importante efecto químico puede aprovecharse de manera muy útil en aplicaciones que manejen potencia eléctrica como el caso de estaciones transformadoras, líneas de alta tensión, ccntrales generadoras, etc., ya que se cuenta con un dispositivo que se comporta de un modo inverso al de una resistencia convencional, incluso en las altas frecuencias como veremos, lo que genera un margen de seguridad muy alto en instalaciones críticas, ver figura n° 102.

Los electrodos dinámicos conectados en serie a una circulación de corriente de frecuencia industrial (50 Hz) llegaron a la disipación de energía de 48 MegaJoules, sin que se observaran o midieran alteraciones físico-químicas en el compuesto CEM y/o en los electrodos dinámicos ensayados. Esta cualidad de capacidad de dispersión de corriente constante supera a los dispositivos de puesta a tierra convencionales, debido a que, en dispersores metálicos enterrados, la circulación de la corriente eléctrica provoca un resecamiento de la capa inmediata de suelo, mayor oxidación y por consiguiente el aumento de la resistencia eléctrica del dispersor convencional. Con el tiempo se origina una degradación en el dispersor que puede, incluso, llegar a inutilizarlo, resultando altamente perjudicial para el circuito asociado. El medio conductor electrolítico de los electrodos dinámicos permanentemente disipa energía eléctrica y energía térmica, no llegando nunca a resecar el suelo circundante ya que la curva de límite eléctrico tiene distinto recorrido que la curva de límite térmico.

Figura n° 103

A continuación se grafica la curva completa del ensayo incluyendo la parte donde la temperatura se elevó por arriba de los 100 °C.

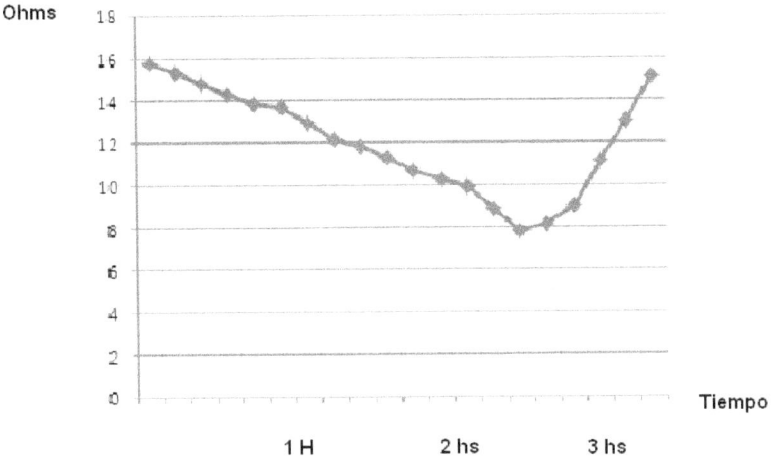

Figura nº 104 Resistencia de ED en función del tiempo

Ensayo de dispersión de corriente impulsiva

Nota: este ensayo no es solicitado por la norma IRAM 2314

En el Laboratorio de Alta Tensión del I.N.T.I., se sometió a un electrodo dinámico modelo ED-C20 a impulsos de corriente de onda normalizada, para comprobar su respuesta transitoria y determinar los parámetros de comportamiento analizando los registros oscilográficos obtenidos. Las experiencias en el campo de los fenómenos electrodinámicos en tomas de tierra se llevaron a cabo en dos etapas. La primera prueba experimental se realizó con un electrodo dinámico implantado fuera del laboratorio en sector próximo al mismo, mientras que la segunda prueba fue con un electrodo y CEM dentro de una cuba electrolítica.

En ambos casos se utilizó como fuente principal de poder un generador de impulsos (generador de Marx) marca Haefely, el cual suministró las corrientes de impulsos similares a las atmosféricas como se observa en las fotos nº 105.

A continuación desarrollaremos el **primer ensayo** de laboratorio.

Figura n° 105 Fotos del Generador de impulsos de corrientes

Figura n° 106 Implante del electrodo dinámico en sector externo del laboratorio del INTI

El electrodo dinámico se instaló con su correspondiente compuesto CEM en una perforación efectuada en el suelo de 1.70 metro de profundidad y 0.40 metro de diámetro. En la figura n° 106 se observa la línea de transmisión constituida por un cable de cobre desnudo soportado por caños aisladores de polipropileno que conecta al generador de impulsos con el electrodo dinámico.

Se registraron las lecturas de corriente circulante, tensión generada, y formas de onda de los impulsos utilizando shunts, puntas para alta tensión los cuales se conectaban a un osciloscopio especial para registro de impulsos que se encuentra vinculado digitalmente a la computadora para el estudio de las ondas.

El generador de impulsos Haefely se configuró de manera tal para entregar una onda atmosférica de corriente normalizada. Se utilizaron dos etapas con las que se obtuvieron una corriente máxima de 20 KA sobre la carga representada por el circuito de la línea de transmisión y el electrodo dinámico implantado.

Dado que la línea de transmisión ofrecía una inductancia considerablemente alta, a la salida del generador de impulso se intercalaron resistencias de compensación de baja inductancia. Después para comprobar la impedancia de la línea se cortocircuitó el extremo correspondiente al electrodo de tierra con la toma de tierra del laboratorio. De esta manera se obtuvo las condiciones iniciales de trabajo inductivo – resistivo de la línea de transmisión para después restar de los valores finales medidos con la carga definitiva, o sea el electrodo dinámico.

Resultados:
1) Jabalina química enterrada en el predio vecino al laboratorio

Se aplicaron ondas de corriente de impulso a una jabalina química enterrada cerca del laboratorio. Se utilizó un resistor amortiguador de 3,75 Ω en serie con la acometida aérea de la jabalina.
Por cada impulso de corriente aplicado a la jabalina se midió y/o determinó la tensión de cresta a la salida del generador U_0 , el valor de cresta de la intensidad de corriente I_0 y el valor $R_0 = U_0 / I_0$.
Se determinó el valor de resistencia de cortocircuito de la jabalina R_k , conectando directamente la línea de transmisión al sistema de puesta a tierra del laboratorio. El valor de R_k resultó igual a 1,1 Ω.
R_k permite calcular la resistencia de la puesta a tierra de la jabalina, R_{jq} , siendo $R_{jq} = R_0 - R_k$.
Los valores obtenidos están tabulados en el siguiente cuadro:

I_0	U_0	$R_0 = U_0 / I_0$	$R_{jq} = R_0 - R_k$
(kA)	(kV)	(Ω)	(Ω)
1,2	4	3,3	2,2
1,6	5	3,1	2
2	5,7	2,9	1,8
2,5	7	2,8	1,7
2,7	6,7	2,5	1,4
3	8,1	2,7	1,6
3,5	10,8	3,1	2
4,2	9,4	2,2	1,1
4,5	12,1	2,7	1,6
4,8	13,2	2,8	1,7
5,1	15,6	3,1	2

5,4	17,2	3,2	2,1
5,8	20,2	3,5	2,4
6,2	18,8	3	1,9
6,6	20,2	3,1	2

La resistencia estática de la puesta a tierra medida fue de 3 Ω

Figura n° 107 1° Ensayo del INTI

La resistencia estática es la que se midió con el circuito sin energizar, es decir compuesta por el electrodo dinámico de puesta a tierra, la resistencia de la línea y las resistencias de compensación conectadas a la salida del generador. El valor de toma a tierra del generador (conexión de retorno) es muy baja por lo que puede despreciarse al igual que la resistencia de la línea de transmisión (no así la impedancia).

En la columna de la derecha se obtuvo el valor final de la jabalina electroquímica. Conociendo ahora el valor obtenido de la jabalina electroquímica, se procedió a graficar los valores en la figura n° 108.

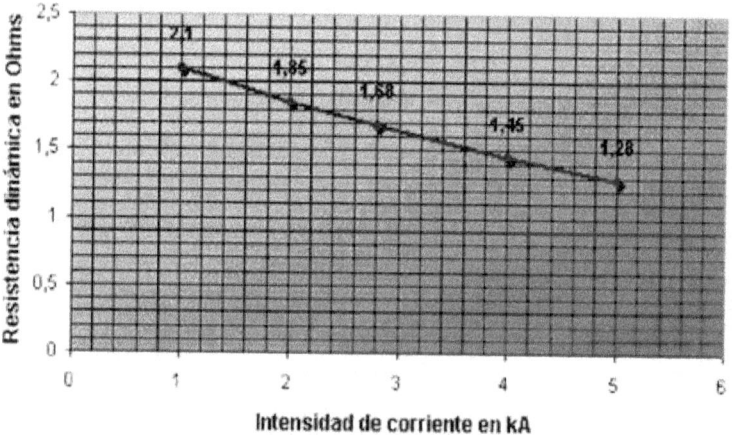

Figura n° 108

En esta figura se observa la tendencia decreciente de la curva debido a la circulación de corriente que favorece el proceso electrolítico bajando su resistencia.

El **segundo ensayo** realizado fue mediante una cuba electrolítica, cuya geometría es de las mismas medidas que la de un hoyo de implante de un electrodo dinámico en el suelo. Esta cuba se construyó de acrílico transparente de dimensiones 1,35 metro de alto y de 0,35 metro de diámetro. Por el interior de la cuba, solidaria a la pared, se colocó una malla metálica a modo de electrodo de tierra. La cuba fue rellenada con compuesto CEM y se realizaron ensayos sin el electrodo dinámico, solamente en contacto el generador con el CEM, y después en contacto con el electrodo dinámico inmerso en el CEM.

CUBA ELECTROLITICA
Esc. 1:1

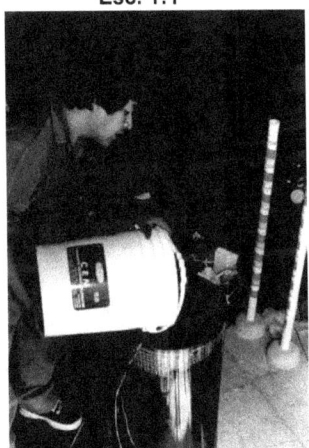

Figura nº 109

2) Jabalina química en cuba electrolítica

Se aplicaron ondas de corriente de impulso a una jabalina química instalada en una cuba electrolítica.
No se utilizó resistor amortiguador en serie con la acometida.
Por cada impulso de corriente aplicado a la jabalina se midió y determinó la tensión de cresta aplicada U_{jq}, el valor cresta de la intensidad de corriente I_{jq} y el valor $R_{jq} = U_{jq}/I_{jq}$, de la resistencia de puesta a tierra en la cuba.
Los valores obtenidos están tabulados en el siguiente cuadro:

U_{jq} (kV)	I_{jq} (kA)	R_{jq} (Ω)
5,4	2	2,7
8,6	3,2	2,7
11,6	4,4	2,6
16,1	7	2,3
22,1	9	2,5
26,9	11,5	2,3
33,6	13,5	2,5

OBSERVACIONES:
Las mediciones involucradas en este certificado están vinculadas a los patrones de medida mantenidos en el INTI según la legislación vigente, los cuales representan a las unidades físicas de medida en concordancia con el Sistema Internacional de Unidades (SI).
Los resultados contenidos en el presente certificado se refieren a las condiciones en que se realizaron las mediciones.

Figura nº 110

Los ensayos en la cuba permitieron determinar los límites de conducción electrónica e iónica, registrando los valores de tensión a la salida del generador, corriente circulante y forma de onda de los impulsos como se puede observar en la figura nº 109.

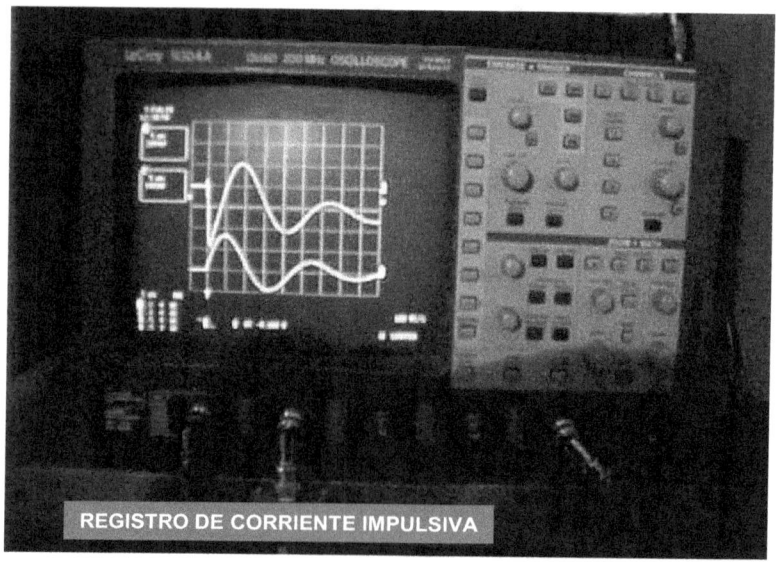

Figura nº 111

Figura nº 112

En la foto n° 111 se observa el registró del osciloscopio de 200 MHz. El desfasaje que se observa corresponde a las condiciones iniciales sin electrodo dinámico, es decir la inductancia del circuito de ensayo. El registro con el electrodo dinámico es igual, es decir no aportó desfasaje, tiene comportamiento resistivo puro debido a su componente metálico.

En la foto n° 112 de arriba se observa el generador de impulsos con una onda de corriente del orden de los microsegundos.

Ensayo de dispersión de corriente en altas frecuencias

Nota: este ensayo no es solicitado por la norma IRAM 2314

Otro aspecto que se estudió en el FaMAF fue el comportamiento de los electrodos dinámicos ante la dispersión de corrientes en altas frecuencias: perturbaciones muy comunes en todas las instalaciones eléctricas, electrónicas y electromecánicas debido a la alta polución eléctrica existente.

Los primeros estudios de dispersión de corrientes en altas frecuencia se hicieron en 1996 en el laboratorio de electrónica del FaMAF, en donde se aplicaron las primeras rutinas de medición utilizando un medidor vectorial de impedancias directas.

A continuación se muestra el acta de medición y ensayo, después los resultados obtenidos y por último el protocolo de ensayo.

Como resultado se puede observar que los electrodos dinámicos tienen comportamiento resistivo puro hasta 100 MHz.

RAUL A. PALLA & ASOC.

MANTENIMIENTO Y PREVENCION

LANDTEC

ACTA DE MEDICION Y ENSAYO

En la ciudad de Córdoba, a los 08 dias del mes de Octubre de mil novecientos noventa y seis, en el predio de la Facultad de Matemática, Astronomía y Física de la Universidad Nacional de Córdoba, ubicada en la Ciudad Universitaria, se inician oficialmente las tareas de medición y ensayo de resistencia e impedancia de dos(2) jabalinas (Electrodos Dinámicos) experimentales denominados ED-A20 y ED-A300. Los procedimientos y resultados se detallan en las planillas adjuntas que acompañan esta Acta a saber: Descripción Técnica, Memoria Descriptiva de los Ensayos, Planilla de Ensayos de las jabalinas ED-A20 y ED-A300.

El seguimiento de esta experiencia será testimoniada por profesionales de la UNC, Facultad de Matemática, Astronomía y Física (FAMAF); Centro de Investigación de Materiales y Metrología (CIMM-INTI), e Invitados Especiales que dan fé de las tareas realizadas.

ASISTIERON:

FAMAF
Prof. Dr. Daniel J. Pusiol - Vice Decano.
Dr. Carlos A. Martín - Director.
Ing. Fernando Zuriaga.
Dr. Clemar Schurrer.
Lic. Mario A. Lamfri.
Dr. Máximo Ramia.
Dr. Jorge Mario Caranti.
CIMM - INTI
Ing. Nancy L. Brambilla.
Ing. Jorge Melo.
INVITADOS ESPECIALES
Ing. Manuel D. Varela (ING. VARELA CONSULT.).
Ing. Rubén Levy (E.P.E.C.).
Ing. Carlos Arce (LV3).
LANDTEC: **Arq. Raúl A. Palla - Sr. Roberto Cabanillas - T.Etn. Diego R. Minutta.**

LANDTEC - RAUL A. PALLA Y ASOCIADOS

PLANILLA DE ENSAYOS   ED-A300
RESISTENCIA DE PUESTA A TIERRA

TEMPERATURA   :**18°** C
ELECTROD ED-A300 :**6,8** ohms.
JABALINA 1   : **78** ohms.
RESISTENCIA DE PUESTA A TIERRA DE REFERENCIA :

ED-A300

FRECUENCIA	40	70	100								MHZ
ANGULO	0	0	0								GRADOS
RESISTENCIA *	50	55	60								OHMS

* Resistencia con respecto a "Referencia".

JABALINA 1

FRECUENCIA	40	70	100								MHZ
ANGULO	-17	-20	---								GRADOS
RESISTENCIA *	120	130	---								OHMS

FECHA 08 DE OCTUBRE DE 1996

PLANILLA DE ENSAYOS   ED-A20
RESISTENCIA DE PUESTA A TIERRA

TEMPERATURA   :**20°** C
ELECTRODO ED-A20 :**6,9** ohms
JABALINA 2   :**82** ohms
RESISTENCIA DE PUESTA A TIERRA DE REFERENCIA:

ED-A20

FRECUENCIA	40	70	100								MHZ
ANGULO	0	0	-3								GRADOS
RESISTENCIA *	40	43	48								OHMS

* Resistencia con respecto a "Referencia".

JABALINA 2

FRECUENCIA	40	70	100								MHZ
ANGULO	-18	-25	---								GRADOS
RESISTENCIA *	120	132	---								OHMS

FECHA 15 de Octubre de 1996

INSTRUMENTAL   : Sintetizador 10-1000 MHZ Hewlett Packard. **Medidor Vectorial de Impedancias** Hewlett Packard hasta 100 MHZ. Osciloscopio Tektronix 465B. Sonda Termométrica Fluke. Pinza de Medición Directa AEMC. Telurímetro Megabras 20kw.

OBSERVACIONES : Se tomó como punto de referencia una jabalina convencional de 1,50m. hincada a 2m. del ED-A300. Como interconexión se utilizó un tubo de Cu de Ø10mm x 2m. de largo. Idem para ED-A20.

ASISTENTES: Prof. Dr. Daniel J. Pusiol (Vice Decano); Dr. Carlos A. Matín (Director) Ing. Fermando Zuriaga; Dr. Clemar Schurrer; Dr. M. Ramia; Dr.J.M. Caranti. (FAMAF). Ing. Nancy Brambilla; Ing. Jorge Melo (CIMM-INTI). Ing Manuel D. Varela (PRODATA). Ing. Rubén Levy (EPEC). Ing. Arce (LV3). Arq. Raúl A. Palla, Sr. Roberto Cabanillas, T.Etn. Diego R. Minutta. (LANDTEC).

PROTOCOLO DE ENSAYOS

Objetivo: Demostración de efectividad de una jabalina de puesta a tierra química ante altas frecuencias. Comparación con sistemas convencionales.

RESEÑA DEL CONCEPTO DE REACTANCIA E IMPEDANCIA

La corriente alterna reacciona ante las diversas propiedades de los circuitos en forma diferente a la corriente continua, y produce efectos que no existen en esta última. Por ejemplo, en un circuito de C.A. que solo tiene resistencia, la tensión y la corriente alternas están siempre en fase, es decir, alcanzan su máximo valor positivo, negativo y de cero en el mismo instante. Sin embargo, en los circuitos de corriente alterna que contengan además la propiedad de resistencia, las de inductancia y capacidad, puede suceder que la tensión y la corriente no se hallen en la fase y que, por el contrario, ambas alcancen el máximo valor positivo y negativo de cero en diferentes instantes. La magnitud en que las propiedades de la inductancia y la capacidad afectan a la corriente alterna, dependen en gran parte de la frecuencia de la corriente. Esto es, las corrientes alternas tienen propiedades diferentes en bajas frecuencias en relación a las de altas frecuencias, y estas grandes diferencias hacen que la misma corriente continua se considere como una corriente alterna de frecuencia cero.

La oposición que las propiedades de inductancia o capacidad ofrecen al flujo de una corriente alterna, se denominan reactancia inductiva y reactancia capacitiva. Cuando una o ambas de estas propiedades se combinan con la propiedad de resistencia, a esta combinación se le da el nombre de impedancia. Por lo tanto, el total de la oposición al flujo de la corriente alterna que presenta las propiedades combinadas de inductancia, capacidad y resistencia en un circuito de corriente alterna, se denomina impedancia del circuito.

Sistemas de puesta a tierra instalados: un Electrodo Dinámico ED-A300 y un ED-A20; implantados en hoyos de Ø 0,30 m. por 1,50 m. de profundidad, rellenos de C.E.M. (Compuesto Externo Mejorador) y un electrodo tubular de acero inoxidable de Ø 0,08 m. de diámetro y Ø 0,02 respectivamente, por 1,20 m. de largo.

Electrodo comparativo: Jabalina de hierro-Cu (extrusado) de 1,50 m. - Figura 1.

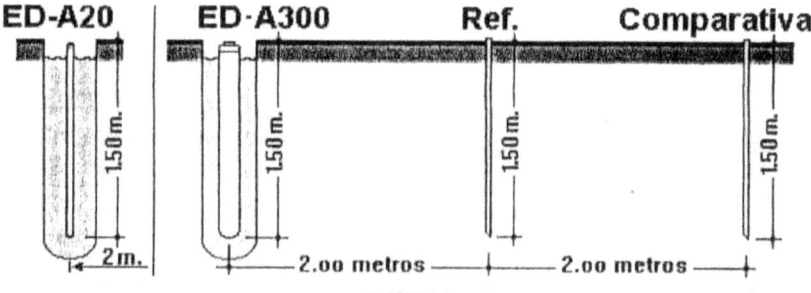

FIGURA 1

Valores, instrumental y participantes en Planilla de Ensayos anexa.

TECNICA DE LOS ENSAYOS

PRIMERA PARTE: INYECCION DE SEÑAL

Según la Figura 2, se puede observar que la señal inyectada pasa antes por un divisor desfasador de 180 grados.

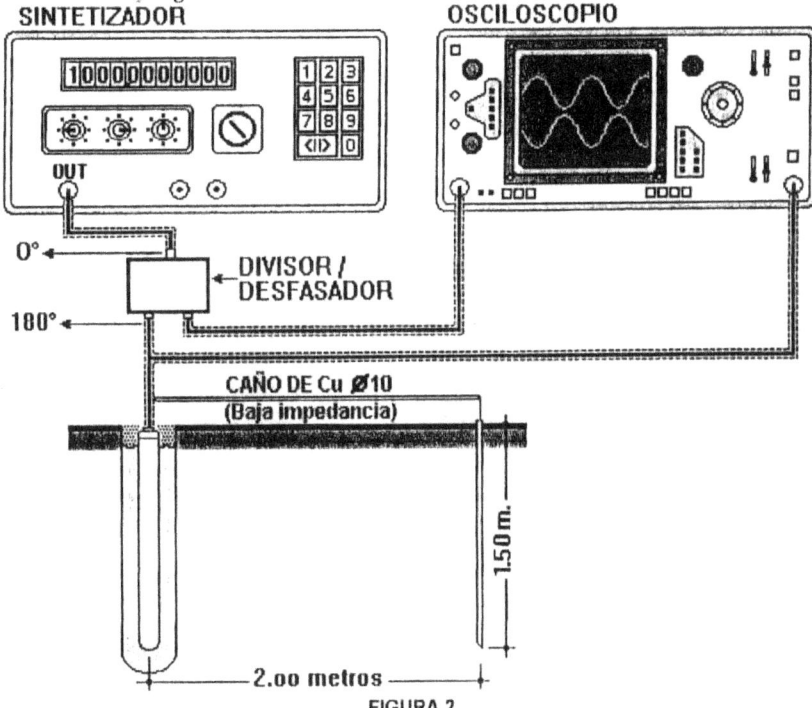

FIGURA 2

Este divisor nos sirve para poder acoplar el sistema jabalina-oscilador y evitar que ante cualquier desadaptación ponga en corto circuito la salida del mismo, además utilizamos una de las salidas para alimentar un canal del osciloscopio.

En la teoría, al inyectar la señal, si la jabalina a prueba no ofrece reactancia inductiva o capacitiva, las señales deberían estar en fase en la pantalla del osciloscopio, descontando los 180 grados del desfasador.

En la práctica sucedió que la señales medidas en cada jabalina química estaba atenuada en amplitud y perfectamente en fase con respecto a la salida del sintetizador. La atenuación observada se debía a la resistencia ofrecida por la carga (jabalina con respecto a la referencia).

Por consiguiente, al no tener componentes de reactancia inductiva o capacitiva, la impedancia será proporcionalmente constante con respecto al vector resistivo hasta los 100 Mhz, que fue la frecuencia máxima que se pudo medir con el equipamiento existente. Los barridos de frecuencia fueron de 40, 70 y 100 Mhz respectivamente.

SEGUNDA PARTE: MEDICION Y ANALISIS VECTORIAL

Como se puede ver en la Figura 3, y para corroborar lo anteriormente dicho, se conectó al circuito a analizar un medidor vectorial de impedancias, barriendo un espectro de 40, 70 y 100Mhz.

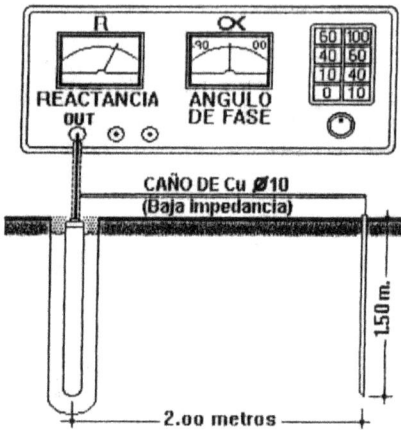

FIGURA 3

El ángulo de desfasaje en todos los casos se mantenía entre +- 3 grados como máximo, valor despreciable para poder obtener un valor significativo y de esta forma calcular un parámetro de reactancia capacitiva o inductiva, y por consiguiente la impedancia. De esta forma solo tenemos que tomar en cuenta el valor resistivo, siempre con respecto a la referencia.

Estos valores de resistencia variaron entre 40 y 60 ohms, aumentando proporcionalmente a la frecuencia. Reiteramos que estos son valores de resistencia en entre dos electrodos, y no un valor con respecto a tierra.

Estas pruebas se realizaron en dos Electrodos Dinámicos para puesta a tierra que nosotros denominamos ED A300, y ED A20. En ambos casos se obtuvieron los mismos resultados.

TERCERA PARTE: COMPARACION CON UN SISTEMA CONVENCIONAL

Se procedió con la misma metodología de ensayos con las jabalinas convencionales instaladas para fines comparativos.

En todos los procedimientos de medición se observaron desfasajes mayoritariamente capacitivos con ángulos de hasta 23 grados en 70 Mhz. A 100 Mhz las lecturas eran totalmente variables e inestables debido a la desadaptación producida en el sistema por la frecuencia; por lo tanto debemos tomar como válidos los valores medidos hasta 70 Mhz.

Un detalle importante es que se utilizó un caño circular y recto de cobre de 10 mm de diámetro para interconectar las masas con la jabalina de referencia. Este caño permitió que se tomaran valores con una muy buena exactitud debido a que no ofrecía mucha impedancia con respecto al punto de referencia ni actuaba como antena ante las interferencias presentes en la zona de medición, que eran de importante magnitud.

<u>REFERENCIA TECNICA SOBRE ENSAYO CON RF A 500 Mhz</u>

Prosiguiendo con la serie de ensayos en terreno sobre los electrodos dinámicos, hoy se efectuó una prueba de comportamiento de los mismos ante una frecuencia de 500 Mhz.

Esta prueba fué realizada con un generador de RF, un divisor-desfasador y un osciloscopio.

El motivo de la prueba era el de corroborar el comportamiento de baja reactancia inductiva o capacitiva del electrodo dinámico con respecto al suelo, sensando con un electrodo auxiliar.

La metodología utilizada fué similar a la de los ensayos realizados anteriormente.

Al aplicar la señal, monitoriada en un canal del osciloscopio, se pudo observar en el canal conectado en la jabalina dinámica, una atenuación puramente resistiva, sin ningún desfasaje considerable, deduciendo de esta forma que no hay componentes inductivos o capacitivos.

De esta forma, concluyendo con la serie de ensayos de RF, podemos utilizar todos los parámetros y metodologías utilizados para asegurar la efectividad del sistema.

Instrumental utilizado: Oscilador Hewlett Packard, Osciloscopio Tektronix y divisor-desfasador de 50 ohms.

Ensayo de distribución de corriente para determinación del modelo electrogeométrico

Nota: este ensayo no es solicitado por la norma IRAM 2314

Otro experimento que se realizó en el laboratorio de Alta Tensión de la Facultad de Ingeniería fue la determinación de la distribución de corriente a los largo de un electrodo dinámico enterrado. A fin de poder medir la corriente dispersada en todo el largo del electrodo tratando de comprobar la teoría de la figura electro geométrico correspondiente de dispersión conocida tales como cilindro esférica, distribución uniforme de corriente y helipsoidal.

Para el ensayo se utilizaron tres transformadores de corriente en el inicio de cada tercio de la longitud de la jabalina. Los transformadores de intensidad de corriente fueron recubiertos de resina epoxi para aislar las conexiones de los bornes y preservarlos de cualquier agresividad química. Se puede observar el la figura n° 26. A la salida de cada transformador se colocó un shunt con amperímetro y voltímetro para registrar a cada 10 minutos el valor circulante de corriente. Por la jabalina se hizo pasar una corriente de 24 A

Tabla n° 18

Medición	T1	T2	T3
N° 1	4,8	4,8	14,4
N° 2	4,9	4,7	14,5
N° 3	4,9	4,9	14,5
N° 4	5	5,1	14,6
N° 5	5,1	5,2	14,7
N° 6	5,2	5,2	14,7

Figura nº 113 ED con TI distribuídos

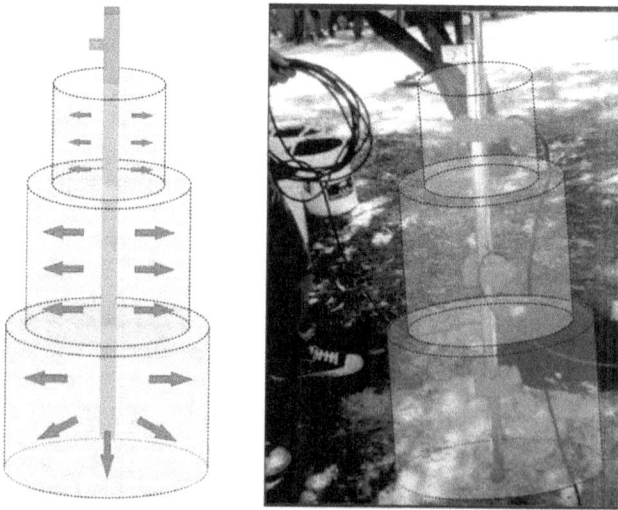

Figura nº 114 Distribución electrogeométrica de la corriente

Como resultado del experimento se comprobó que había una distribución no uniforme de corriente. Es decir que en los dos primeros tercios del electrodo conducen cada uno un 20% aproximadamente de la corriente que pasa por el electrodo, mientras que el último tercio conduce el 60% de la corriente. Es decir que se verificó la figura electro geométrica cilindro esférica.

3° PARTE: ENSAYOS QUÍMICOS

De acuerdo a la norma, el contenido de sales o metales peligrosos del CEM y del FIX no deberán exceder los valores indicados en la tabla 2 de la misma norma IRAM 2314, de acuerdo con lo prescripto en la Ley Nacional de Residuos Peligrosos N° 24.051 (Decreto Reglamentario 831/1993).

Con el compromiso primordial de cumplir con todas las normas de cuidado del medio ambiente y tener un producto ecológico, se realizaron, por segunda vez, los ensayos de una muestra del **Compuesto Externo Mejorador (C.E.M.)**, que fue sometida a Ensayo de Toxicidad e integridad estructural de la normativa **EPA SW 846** como se detalla a continuación.

Informe n° 12434 del Laboratorio central de Espectroquímica del Ceprocor – Santa María de Punilla – Córdoba

Técnica utilizada: espectrofotometría de absorción con atomización en llamas (FAAS), electrotérmicas (ETAAS) y por generación de vapor de mercurio (CVAAS)

Tratamiento de la muestra: la muestra fue sometida a un proceso extractivo en medio ácido, según el método EPA 1310 A (Ensato de Toxicidad e Integridad Estructural) de la normativa EPA SW 846 que es recomendada por la ley nacional de residuos peligrosos n° 24.051. El tratamiento se realiza por duplicado.

La extracción se realizó en agitador-incubador "lab-line", garantizando agitación suficiente (175 rpm) para prevenir estratificación del substrato y contacto conveniente con el líquido de extracción.*

El tiempo de extracción fue de 24 horas. El extracto obtenido fue filtrado con filtros de fibra de vidrio Whatman de 1,2 m* y se lo denomina "**EP**" (Producto de Extracción).

* Desvío de la EPA 1310 A

Método de cuantificación: Curva de calibración de patrones.

Resultados:

Concentraciones encontradas en el extracto "**EP**" (*)

Tabla nº 19

Elemento	C (mg/L)	Ld (mg/L)	Atomización	LEY 24.051 – Limites Máximo	P/agua bebida
As	No detectable	0,0014	ETAAS	1 ml/L	0,01 mg/L
Ba	No detectable	36	FAAS	100 mg/L	1 mg/L
Cd	No detectable	0,002	FAAS	0,05 mg/L	0.005 mg/L
Zn	0,71	0,011	FAAS	500 mg/L	5 mg/L
Cu	No detectable	0,016	FAAS	100 mg/L	1 mg/L
Cr	No detectable	0,097	FAAS	5 mg/L	0,05 mg/L
Hg	No detectable	0,0002	CVAAS	0,1 mg/L	0,05 mg/L
Ni	No detectable	0,057	FAAS	1,34 mg/L	0,0134mg/L
Ag	No detectable	0,048	FAAS	5 mg/L	0,05 mg/L
Pb	No detectable	0,14	FAAS	1 mg/L	0,01 mg/L
Se	No detectable	0,31	FAAS	1 mg/L	0,0/L 1 mg

(*)Nota:

No detectable: La señal observada no se distingue significativamente de la señal del blanco.

C: Concentración en miligramos del elemento por litro de muestra.

Ld: Límite de detección instrumental del método, en miligramos del elemento por litro; considerado como tres veces la desviación estándar de la señal del blanco.

EPA: Agencia de Protección Ambiental de los Estados Unidos de América.

Los reactivos y materiales son de calidad para el ensayo requerido.

En la planilla de valores medidos se puede observar la ausencia de elementos (sales, metales y metaloides) contaminantes para el suelo. Para una mayor definición se agregaron los valores de límites máximos para el *"agua bebida"* (Ley 24.051) como aporte comparativo.

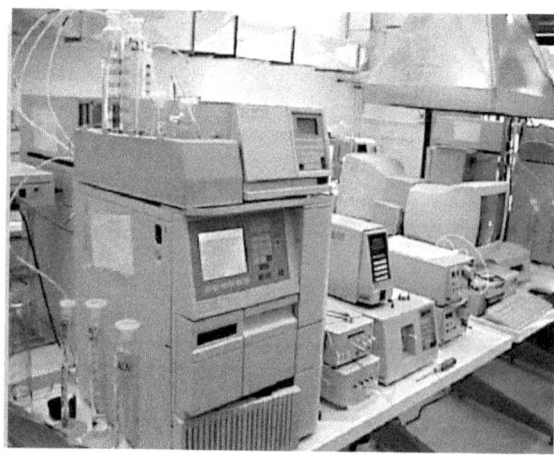

Figura nº 115 Espectrómetro de masa

4° PARTE: ENSAYO TÉRMICO

Nota: este ensayo no es solicitado por la norma IRAM

2314

FACULTAD DE CIENCIAS EXACTAS, FÍSICAS Y NATURALES
UNIVERSIDAD NACIONAL DE CORDOBA

DEPARTAMENTO DE FÍSICA

INFORME DE ENSAYO DE LABORATORIO

SOLICITANTE: LANDTEC S.R.L.	FECHA: 6/11/00
	HOJA: 1 de 2

ENSAYO: DETERMINACIÓN DE CALOR ESPECÍFICO DE MUESTRA PROVISTA POR EL CLIENTE

MATERIAL SUMINISTRADO POR EL CLIENTE:
1 (UNO) FRASCO CON 750cm³ de **C.E.M.**

IDENTIFICACIÓN DE LA MUESTRA SEGÚN EL CLIENTE:
COMPUESTO EXTERNO MEJORADOR FORMADO POR SALES MINERALES, INOCUAS, NO TÓXICAS, ECOLÓGICAS.

OBSERVACIONES:
El Laboratorio de Física del Departamento de Física de la Facultad de Ciencias Exactas, Físicas y Naturales de la Universidad Nacional de Córdoba no se hace responsable de la procedencia y/o confiabilidad de la información provista por el cliente y que hace referencia a cualquiera de las características de la muestra ensayada.
La responsabilidad del Laboratorio se extiende exclusivamente a la determinación del Calor específico del material suministrado por el cliente. El Laboratorio conserva material de resguardo rotulado con C.E.M. por el plazo de 180 dias corridos a contar desde la fecha del presente informe.

FIRMA DEL RESPONSABLE

Prof. Ing. OSCAR E. ...
DIRECTOR
DEPARTAMENTO DE FÍSICA

AVDA. VÉLEZ SARSFIELD 1606 – CIUDAD UNIVERSITARIA
5009 – CÓRDOBA - ARGENTINA

FACULTAD DE CIENCIAS EXACTAS, FÍSICAS Y NATURALES
UNIVERSIDAD NACIONAL DE CORDOBA

DEPARTAMENTO DE FÍSICA

SOLICITANTE: LANDTEC S.R.L.	
	FECHA: 6/11/00
	HOJA: 2 de 2

RESULTADOS DE ENSAYO SOBRE LA MUESTRA SUMINISTRADA

I - FECHA DE ENSAYO: 03/11/00

II - DESCRIPCIÓN DE LA VALIDACIÓN DEL MÉTODO:

ANÁLISIS DE FIABILIDAD: Se utilizó para la determinación del Calor específico de la muestra de referencia, un Calorímetro de mezclas con características controladas en el Laboratorio.

REPETIBILIDAD DE ENSAYO: La repetibilidad del ensayo es inferior al 5%, valorada mediante su desviación standard.

III - RESULTADO DE LAS MEDICIONES

RESULTADO DE ENSAYO:	0,57 Cal / g °C
ERROR DEL RESULTADO:	0,01 Cal / g °C

FIRMA DEL RESPONSABLE

AVDA. VÉLEZ SARSFIELD 1606 – CIUDAD UNIVERSITARIA
5009 – CÓRDOBA - ARGENTINA

Prof. Ing. OSCAR E. HEIME
DIRECTOR
DEPARTAMENTO DE FÍSICA

El CEM tiene menor calor específico que el agua (1 Cal/g °C).

ACTIVIDAD

Temario propuesto para debate y resolución

1. Explique el ensayo de la cuba electrolítica.

2. ¿Cuál fue la conclusión que se obtuvo en función de la corriente por la cuba?

3. Explique el fenómeno de circulación de corriente por debajo de 0°C del CEM.

4. ¿Por qué después de los 100 °C el compuesto CEM sigue funcionando? ¿A qué propiedad se debe?

5. ¿Cómo se comporta el electrodo dinámico ante una descarga impulsiva?

6. ¿A qué se debe este comportamiento?

7. ¿Qué conclusiones saca UD del electrodo dinámico respecto del ensayo de alta frecuencia?

8. ¿Qué se entiende por modelo electrogeométrico de una puesta a tierra?

9. Explique el modelo de dispersión de corriente de un ED.

10. El CEM, ¿contamina el suelo? ¿Es biodegradable?

11. El CEM, ¿contiene metales denominados pesados?

12. Indique las leyes y normas ambientales que cumple el CEM.

13. ¿Qué ventaja y desventajas tiene el CEM al tener un calor específico más bajo que el agua?

14. Investigue que otros ensayos se pueden realizar a las jabalinas en general.

15. ¿Se puede reemplazar las JRV por ED? ¿Qué ventajas aporta?

16. Si tenemos dos jabalinas electroquímicas de 1,2 metro, ¿A qué distancia mínima de separación se deben implantar?

17. en funcion de la tabla n° 18 grafique la distribución de corriente a lo largo del ED.

3
EXPERIENCIAS DE CAMPO

ESTABILIDAD EN EL VALOR DE PUESTA A TIERRA EN PERÍODOS EXTENSOS

Nota: este ensayo no es solicitado por la norma IRAM 2314

Acuerdo UNC – LANDTEC

Desde mediados del año 2000 se encuentra instalado en los predios del Laboratorio de Investigación Aplicada de Electrónica (L.I.A.D.E., Facultad de Ciencias Exactas, Físicas y Naturales – U.N.C.) un ELECTRODO DINAMI-CO modelo ED-C20, el cual es medido periódicamente, permitiendo un seguimiento constante de su valor de resistencia de puesta a tierra.

Este mismo electrodo fue sometido a un método experimental de comprobación de impedancia con la configuración electrogeométrica de Tagg.

El proyecto en cuestión consistía en estudiar distintas tecnologías de puesta a tierra en la provincia de Córdoba. Para ello se utilizaron distintas tecnologías y se hizo el seguimiento para ver en periodos prolongado su comportamiento tanto en temporada seca como húmeda, verano - invierno.

En la figura siguiente n° 115 detallamos las instalaciones implantadas en la Facultad. La jabalina n° 5 corresponde a uso de mejorador con polímero, la jabalina n° usa como mejorador la bentonita, las jabalinas n° 8, n° 18, n° 19 y n° 20 usan como mejorador a minerales, la jabalina n° 6 es la tradicional IRAM 2309 clavada, la jabalina n° 7 es la electroquímica

En la figura n° 116 se registró las mediciones de resistencia de puesta a tierra y precipitaciones durante un año. Se observa claramente que la jabalina electroquímica obtuvo el valor más bajo y se mantuvo durante todo un año de medición en el valor aproximado de 4 Ohms.

Geometrías empleadas:

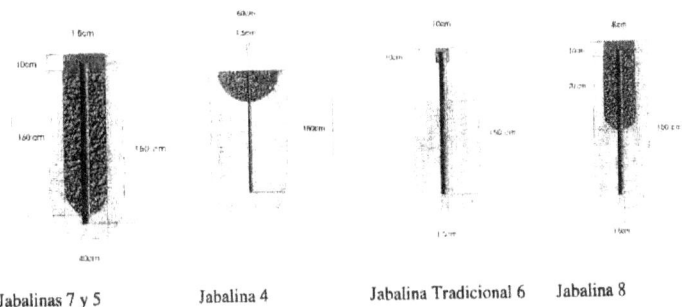

Jabalinas 7 y 5   Jabalina 4   Jabalina Tradicional 6   Jabalina 8

Trincheras 18, 19 y 20

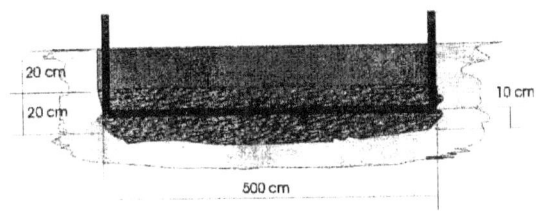

Figura n° 115 Distintos tipos de jabalinas implantadas en la Facultad de ingeniería de la UNC

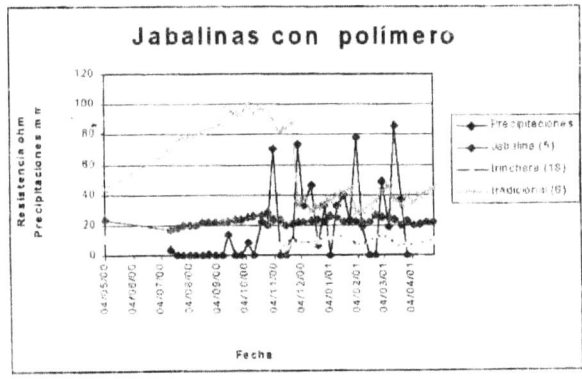

Figura n° 116 Comparación de varios sistemas de puesta a tierra

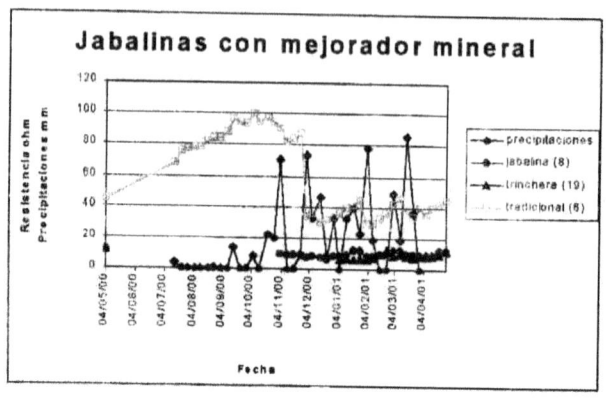

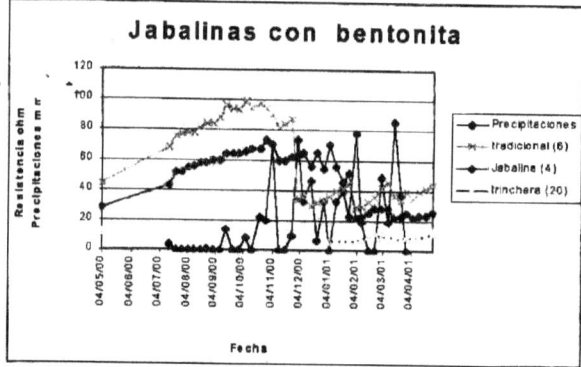

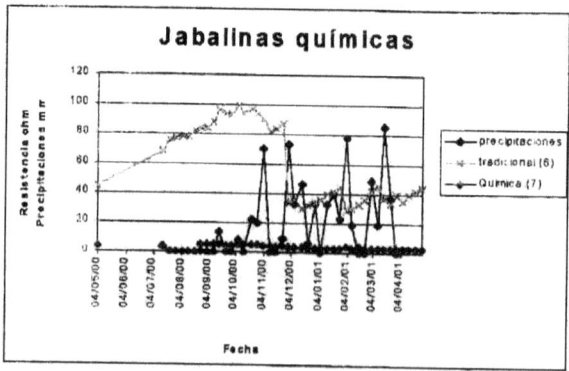

Figura n° 116 Continuación

A continuación se detalla el convenio realizado con el FaMAF y los ensayos y mediciones de jabalinas electroquímicas implantadas en el mismo predio del FaMAF.

UNIVERSIDAD NACIONAL DE CORDOBA
Facultad de Matemática, Astronomía y Física

"Entre la Facultad de Matemática, Astronomía y Física de la Universidad Nacional de Córdoba y la firma Landtec SRL se conviene lo siguiente:

PRIMERO: La Facultad autoriza a la firma Landtec SRL a instalar en predio de la Facultad, cuatro (4) Electrodos Dinámicos, a saber: un (1) ED-C2D; un (1) ED-C300; un (1) ED-A20 y un (1) ED-A300 de exclusividad en la firma.

SEGUNDO: La provisión e instalación de los elementos será a cargo de Landtec SRL, no implicando ningún gasto, por ningún concepto, para la Facultad.

TERCERO: La Facultad se compromete a comprobar la eficacia de estos elementos, certificando los resultados de esta experiencia en forma conjunta con profesionalismo del CIMM (UNC-INTI).

CUARTO: En caso de obtenerse resultados favorables la Facultad efectuará la interconexión definitivamente de dos de los Electrodos Dinámicos (ED-C 20 y ED – C 300) los que quedarán definitivamente en el predio.

QUINTO: La interconexión definitivamente a que se refiere el artículo procedente estará a cargo de la Facultad.

Si firman dos ejemplares de este acuerdo en la ciudad de Córdoba a 29 dias del mes de agosto de mil novecientos noventa y seis."

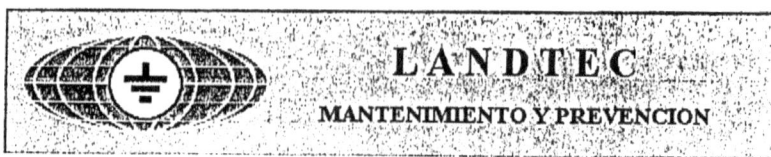

ACTA DE INSTALACION

En la ciudad de Córdoba, a los 17 dias del més de Septiembre de mil novecientos, noventa y seis, en el predio de la Facultad de Matemática, Astronomía y Física de la Universidad Nacional de Córdoba, ubicada en la Ciudad Universitaria, se inician oficialmente las tareas de implante de dos(2) jabalinas (Electrodos Dinámicos) experimentales denominados ED-A20 y ED-A300.
El seguimiento de esta experiencia será testimoniada por los profesionales de dicha Facultad y del CIMM (UNC-INTI). Los abajo firmantes, verifican los trabajos que a continuación se detallan:
a). Excavación de un pozo de 0,30 m. de diámetro y 1,50 m. de profundidad.-
b). Medición de temperatura ambiente y del terreno.-
c). Colocación del producto C.E.M. (Compuesto Externo Mejorador).-
d). Preperación y colocación de los Electrodos ED-A20 y ED-A300.-
e). Medición pos-implante.-

RESULTADOS:
Temperatura ambiente : $17°C$
Temperatura suelo : $14°C$
Resistividad prom. del terreno : $250\Omega/m$
Valor del ED-A20: $10,5\Omega$
Valor del ED-A300: $10,5\Omega$
Valor del Ed-A20 y ED-A300 interconectados: $\underline{0}5\Omega$ r (Conexión provisoria).-

INSTRUMENTAL: Telurímetro KYORITSU, Modelo 4102 con escala de 1.000.-
Termómetro HC 81

Seguida a esta acta la firma de la lista de personal asistente.

****

Los electrodos dinámicos instalados en el campo de la FaMAF desde Octubre del año 1996, se están utilizando actualmente como tomas de tierra equipotencializadas de bajo ruido para los laboratorios de Resonancia Magnética Nuclear, en donde se opera con fuentes importantes de ruido en alta frecuencia y amplificadores de señales muy débiles que requieren de una excelente toma de tierra para su óptimo funcionamiento.

Se realizaron mediciones de resistencia de puesta a tierra en dos electrodos dinámicos, resultado que se obtuvo en los electrodos fue una estabilidad en los valores medidos que concuerdan con las estimaciones teóricas que se calcularon.

Planilla de seguimiento de los valores de resistencia de puesta a tierra

INSTALACION EXPERIMENTAL	RESISTIVIDAD PROM. Ω/m	MEDICIONES EN OHMS									OBSERVACIONES
		POS-IMPLANTE	A 96 HS.	AÑO '95	AÑO '96	AÑO '97	AÑO '98	AÑO '99	2000		
UNIV. NACIONAL DE CORDOBA	190	6,8	6,8	/////	6,2	5,8	5,2	5,3	6,1		Un ED-A300
FACULTAD DE MATEMATICA, ASTRONOMIA Y FÍSICA (FaMAF)		6,9	6,9	/////	6,3	6,2	5,5	5,4	6,3		Un ED-A20

Esta estabilidad se logra debido al intercambio químico permanente que existe entre el compuesto químico externo (CEM) y la carga interna (FIX) del electrodo.

La estabilidad obtenida permite dimensionar sistemas de puesta a tierra para usos específicos en donde se requiera una alta calidad tanto en las prestaciones en baja frecuencia como en las altas frecuencias sin importar las condiciones de humectación del suelo, es decir los períodos de sequía-lluvia que en sistemas convencionales de puesta a tierra aportan variaciones significativas en las lecturas óhmicas.

En el mismo campo de la FaMAF se efectuaron mediciones de resistividad eléctrica del suelo mediante el método de Wenner para obtener valores actuales necesarios para la elaboración del tratado.

La profundidad de la medición fue de uno, cinco y diez metros respectivamente.

A partir del año 2012, después de 10 años sin mantenimiento a las jabalinas del FaMAF, se retomaron nuevamente las mediciones de las jabalinas electroquímicas como se detallan a continuación.

CONTROLES ANUALES

INSTALACION EXPERIMENTAL	MODELO	MEDICIONES										OBSERVACIONES
		17 de Septiembre de 1996	48 hs	96 hs	AÑO '96	AÑO '97	AÑO '98	AÑO '99	AÑO '02	2012		10 AÑOS
UNIVERSIDAD NACIONAL DE CORDOBA FACULTAD DE MATEMATICA ASTRONOMIA Y FISICA	ED-A300	10,5 Ω	6,8 Ω	6,8 Ω	6,2 Ω	6,2 Ω	5,8 Ω	5,2 Ω	6,8 Ω	7,2 Ω		SIN MANTENIMIENTO
RESISTIVIDAD PROMEDIO DEL TERRENO		250 Ω/m	S/D	S/D	S/D	S/D	S/D	S/D	S/D	148 Ω/m		

Miercoles 24 de Octubre de 2012

En la ciudad de CORDOBA a los 24 días del mes de Octubre de 2012, se dan por concluidas las mediciones periódicas del sistema de puesta tierra con Electrodos Dinámicos. De esta experiencia de 16 años con dos períodos, uno de 5 años y el segundo de 10 años, sin mantenimiento con variables de 0,4 a 2 ohm, hacen a la confiabilidad del sistema a lo largo del tiempo. Debemos agregar que estamos en un terreno de relleno con arcilla de una resistividad promedio de 250 a 300 ohms/m en períodos de sequía(invierno) y 150 a 100 ohms/m con lluvia(verano). Estos Electrodos están conectados a equipos de laboratorios que requieren un sistema de PAT de baja resistencia e impedancia (Ver ensayos de 8 y 15 de Octubre 1996).

INSTALACIÓN EXPERIMENTAL EN ANTÁRTIDA ARGENTINA

En el año 1998 se realizó la instalación de un electrodo dinámico ED-A300 a pedido por el Instituto Antártico Argentino en base Jubany.

El problema presentado allí era que el suelo es rocoso tapado de hielo (permafrost) y los equipos de comunicaciones necesitaban una referencia de puesta a tierra que se acercara a los 500 Ohms. La resistividad del suelo supera los 1.000 Ohms.

Se implantó el electrodo dinámico ED-A300 en las adyacencias del laboratorio de CO, con las características del suelo que se detallan a continuación:

1° Capa 20 centímetros de sedimento y tierra

2° Capa 30 centímetros de roca basáltica fracturada

3° Capa 100 centímetros de roca basáltica sólida

Solamente se encuentra humedad en la capa superficial del terreno.

En las figuras siguientes se observa la excavación del pozo de 0.60 m de diámetro y 1.50 m de profundidad, por locuaz se necesitaron varios baldes.

Posteriormente se realizó la medición, para dada las bajas temperaturas se debía venir desde adentro con el martillo funcionando dado que en segundo se congela y el telurímetro de ser posible tirar los cables hacia adentro para que no se rompa.

Como se observa en la figura se logró un valor muy bajo de resistencia del orden de 35 Ohms después de unos meses de implante.

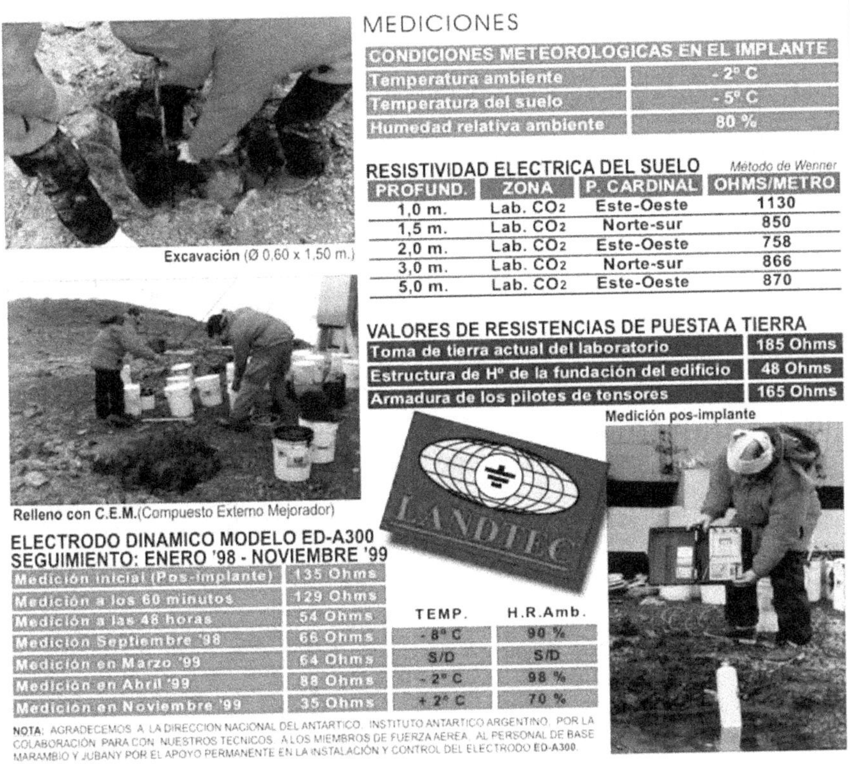

MEDICIONES

CONDICIONES METEOROLOGICAS EN EL IMPLANTE

Temperatura ambiente	- 2° C
Temperatura del suelo	- 5° C
Humedad relativa ambiente	80 %

RESISTIVIDAD ELECTRICA DEL SUELO
Método de Wenner

PROFUND.	ZONA	P. CARDINAL	OHMS/METRO
1,0 m.	Lab. CO_2	Este-Oeste	1130
1,5 m.	Lab. CO_2	Norte-sur	850
2,0 m.	Lab. CO_2	Este-Oeste	758
3,0 m.	Lab. CO_2	Norte-sur	866
5,0 m.	Lab. CO_2	Este-Oeste	870

VALORES DE RESISTENCIAS DE PUESTA A TIERRA

Toma de tierra actual del laboratorio	185 Ohms
Estructura de H° de la fundación del edificio	48 Ohms
Armadura de los pilotes de tensores	165 Ohms

Medición pos-implante

Excavación (Ø 0.60 x 1,50 m.)

Relleno con C.E.M.(Compuesto Externo Mejorador)

ELECTRODO DINAMICO MODELO ED-A300
SEGUIMIENTO: ENERO '98 - NOVIEMBRE '99

		TEMP.	H.R.Amb.
Medición inicial (Pos-implante)	135 Ohms		
Medición a los 60 minutos	129 Ohms		
Medición a las 48 horas	54 Ohms		
Medición Septiembre '98	66 Ohms	- 8° C	90 %
Medición en Marzo '99	64 Ohms	S/D	S/D
Medición en Abril '99	88 Ohms	- 2° C	98 %
Medición en Noviembre '99	35 Ohms	+ 2° C	70 %

NOTA: AGRADECEMOS A LA DIRECCION NACIONAL DEL ANTARTICO, INSTITUTO ANTARTICO ARGENTINO, POR LA COLABORACIÓN PARA CON NUESTROS TECNICOS, A LOS MIEMBROS DE FUERZA AEREA, AL PERSONAL DE BASE MARAMBIO Y JUBANY POR EL APOYO PERMANENTE EN LA INSTALACIÓN Y CONTROL DEL ELECTRODO ED-A300.

Figura n° 117 Instalación de ED-A300 en Antártida

Se realizó una segunda instalación de electrodo dinámico ED-A300 en base Belgrano, la cual fue instalada por el mismo personal del Instituto Antártico.

Figura n° 118 Perforación para implante de electrodo A-300

ACTIVIDAD

Temario propuesto para debate y resolución

1) De acuerdo a la figura n° 115, ¿Qué ventajas y desventajas presenta una varilla de puesta a tierra que sea implantada en forma vertical u horizontal?

2) Qué el aditivo o mejorador se coloque en la parte superior o hasta la mitad del electrodo enterrado, ¿en qué porcentaje cree UD que baja el valor de la Rt respecto de rellenar completamente el pozo cubriendo todo el electrodo?

3) De acuerdo a la figura n° 116, haga una tabla comparativa de los valores promedios de las distintas puestas a tierra. Determine su valor promedio anual, su valor máximo y mínimo de acuerdo a la estación del año, y por ultimo saque la proyección de cada una en los años sucesivos (su varianza).

4) ¿Qué conclusiones saca UD de los electrodos implantados hace 17 años en el FaMAF?

5) ¿Qué se demostró con la instalación experimental de la Antártida?

6) Explique porque fue bajando el valor de la puesta a tierra medida de acuerdo a la tabla de la figura n° 117.

7) Investigue en Internet que otras experiencias se han realizados con mejoradores y aditivos. ¿Qué resultados se lograron?

8) Si tenemos una resistividad de 0.9 Ω.m con una temperatura del agua del CEM de 20 °C, al baja la temperatura ambiente a -2 °C ¿Qué valor de resistividad del CEM tendremos? Usar la figura n° 90.

9) ¿Cuál de los siguientes factores afecta más a un ED implantado: la temperatura, la humedad o la circulación de corriente por el electrodo? Justifique su repuesta.

4
PROCESO DE FABRICACIÓN DEL CEM

PREPARACIÓN DEL COMPUESTO CEM

En las tolvas se ingresa en proporciones adecuadas: agua, minerales molidos conteniendo las sales minerales, turba (para darle el color negro), bentonita de características similares a un grado de talco del orden de las micras, y un emulsionante para obtener el CEM. El proceso fragua en la mezcladora, y después de un tiempo está listo el coloide para comenzar el embasado.

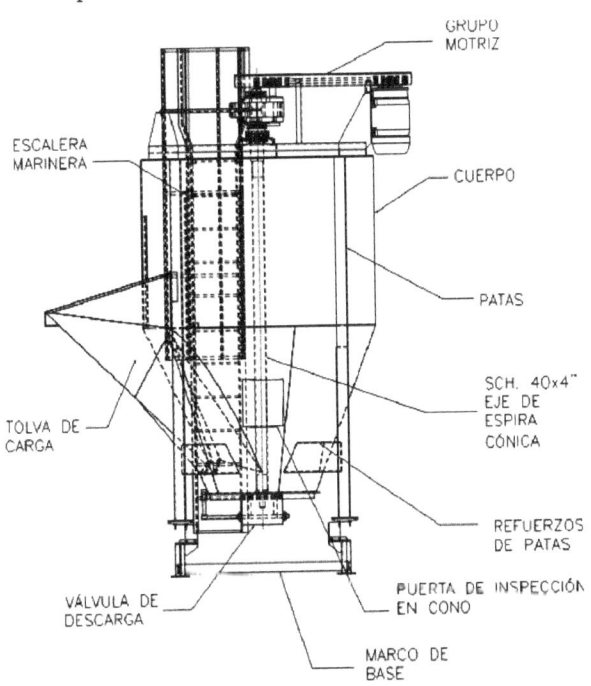

Figura nº 119 Maquina Mezcladora

Composición química del compuesto CEM

Análisis realizado en INTI – CIMM

- Sulfatos totales como SO_4
- Magnesio total como Mg
- Sulfato total como $MgSO_4$
- Sodio total como Na
- Potasio total como K
- Cálcio total como Ca
- Sódio total como NaCl
- Hierro soluble como Fé
- Silício total como SiO_2
- Residuos insolubles en ácido (en proporción variable)
- No contiene trazas de metales pesados

Nota: información suministrada por el fabricante

Durabilidad del compuesto CEM

El compuesto químico externo posee la capacidad de permanecer inalterable en sus características físicas y químico-eléctricas ante las variaciones de temperatura que tienen los distintos suelos. Esta gama está comprendida entre -10 °C hasta 45 °C de acuerdo a la norma superándolo ampliamente. El compuesto químico externo no aumenta su resistividad eléctrica ni durante periodos largos de embasado ni ante descargas de corriente de alta intensidad (típicas de las corrientes de cortocircuito en una estación transformadora o a las de una descarga atmosférica).

El fabricante garantiza mediante el mantenimiento adecuado (consistente en la recarga del compuesto interno del electrodo que reactiva electrolíticamente al compuesto químico externo) para mantener por más de 20 años la conservación de las características físico-químicas del compuesto químico externo CEM y su valor óhmico en el tiempo como se demostró en la instalación del FaMAF.

Desde los comienzos de usos del electrodo dinámico a la fecha ha mejorado considerablemente su proceso de fabricación, llegando a alcanzar su resistividad a 0.32 Ohm.m como muestra abajo las planillas de ensayos realizadas por el fabricante.

Pastillas FIX

Solamente llevan las mismas sales minerales que el CEM y aditivo de color.

LAN D TEC... — GARANTIA - C.E.M. Control de Calidad
Septiembre 2006

FECHA 15-09-06	BALDES 20 ltr c/u	MUESTRAS N°1	N°2	N°3	N°4	N°5	PROMEDIOS	OBSERVACIONES	OTROS
Resist. en Ω	28	2.92	2.67	2.79	2.67	2.47	2,70 Ohms	De 530 kg se ensayan	Const. K
Resistiv. en Ω/m		0.64	0.59	0.61	0.59	0.55	0,59 Ohms/m	100 lts (20%)	0.22

FECHA 15-09-06	BALDES 20 ltr c/u	MUESTRAS N°1	N°2	N°3	N°4	N°5	PROMEDIOS	OBSERVACIONES	OTROS
Resist. en Ω	28	2.64	2.47	2.47	2.49	2.45	2,50 Ohms	De 530 kg se ensayan	Const. K
Resistiv. en Ω/m		0.58	0.54	0.54	0.55	0.54	0,55 Ohms/m	100 ltr (20%)	0.22

FECHA 15-09-06	BALDES 20 ltr c/u	MUESTRAS N°1	N°2	N°3	N°4	N°5	PROMEDIOS	OBSERVACIONES	OTROS
Resist. en Ω	28	2.55	2.50	2.50	2.50	2.48	2,51 Ohms	De 530 kg se ensayan	Const. K
Resistiv. en Ω/m		0.56	0.55	0.56	0.55	0.55	0,55 Ohms/m	100 lts (20%)	0.22

FECHA 16-09-06	BALDES 20 ltr c/u	MUESTRAS N°1	N°2	N°3	N°4	N°5	PROMEDIOS	OBSERVACIONES	OTROS
Resist. en Ω	28	2.08	2.18	2.15	2.19	2.05	2,13 Ohms	De 530 kg se ensayan	Const. K
Resistiv. en Ω/m		0.46	0.48	0.47	0.48	0.45	0,47 Ohms/m	100 lts (20%)	0.22

FECHA 16-09-06	BALDES 20 ltr c/u	MUESTRAS N°1	N°2	N°3	N°4	N°5	PROMEDIOS	OBSERVACIONES	OTROS
Resist. en Ω	28	2.05	2.12	2.09	2.09	2.06	2,08 Ohms	De 530 kg se ensayan	Const. K
Resistiv. en Ω/m		0.45	0.47	0.46	0.46	0.45	0,46 Ohms/m	100 ltr (20%)	0.22

FECHA 16-09-06	BALDES 20 ltr c/u	MUESTRAS N°1	N°2	N°3	N°4	N°5	PROMEDIOS	OBSERVACIONES	OTROS
Resist. en Ω	28	2.08	2.07	2.01	2.03	2.00	2,04 Ohms	De 530 kg se ensayan	Const. K
Resistiv. en Ω/m		0.46	0.46	0.44	0.45	0.44	0,45 Ohms/m	100 lts (20%)	0.22

Figura nº 120 Planilla de ensayo en fábrica

LAN D TEC — GARANTIA - C.E.M. Control de Calidad
Octubre 2010

FECHA 12-10-10	BALDES 20 ltr c/u	MUESTRAS N°1	N°2	N°3	N°4	N°5	PROMEDIOS	OBSERVACIONES	OTROS
Resist. en Ω	28	1.82	1.74	1.73	1.71	1.66	1.73 Ohms	De 620 kg se ensayan	Const. K
Resistiv. en Ω/m		0.40	0.38	0.38	0.38	0.37	0.38 Ohms/m	100 lts (16%)	0.22

FECHA 18-10-10	BALDES 20 ltr c/u	MUESTRAS N°1	N°2	N°3	N°4	N°5	PROMEDIOS	OBSERVACIONES	OTROS
Resist. en Ω	28	1.77	1.87	1.81	1.86	1.73	1.82 Ohms	De 620 kg se ensayan	Const. K
Resistiv. en Ω/m		0.39	0.41	0.40	0.41	0.39	0.40 Ohms/m	100 ltr (16%)	0.22

FECHA 20-10-10	BALDES 20 ltr c/u	MUESTRAS N°1	N°2	N°3	N°4	N°5	PROMEDIOS	OBSERVACIONES	OTROS
Resist. en Ω	28	1.75	1.61	1.63	1.62	1.61	1.64 Ohms	De 620 kg se ensayan	Const. K
Resistiv. en Ω/m		0.39	0.35	0.36	0.36	0.35	0.36 Ohms/m	100 lts (16%)	0.22

FECHA 22-10-10	BALDES 20 ltr c/u	MUESTRAS N°1	N°2	N°3	N°4	N°5	PROMEDIOS	OBSERVACIONES	OTROS
Resist. en Ω	28	1.85	1.83	1.83	1.83	1.71	1.81 Ohms	De 620 kg se ensayan	Const. K
Resistiv. en Ω/m		0.41	0.40	0.40	0.40	0.38	0.40 Ohms/m	100 lts (16%)	0.22

FECHA 25-10-10	BALDES 20 ltr c/u	MUESTRAS N°1	N°2	N°3	N°4	N°5	PROMEDIOS	OBSERVACIONES	OTROS
Resist. en Ω	28	1.83	1.83	1.83	1.80	1.80	1.82 Ohms	De 620 kg se ensayan	Const. K
Resistiv. en Ω/m		0.40	0.40	0.40	0.40	0.40	0.40 Ohms/m	100 lts (16%)	0.22

RESUMEN: Sobre 2.860 ltr se controlaron 500 ltr - Resistividad Promedio de 0,39 Ohms/m

Figura nº 121 Planilla de ensayo en fábrica

ACTIVIDAD

Temario propuesto para debate y resolución

1) Explique cómo se prepara el compuesto CEM

2) ¿Cuáles sales minerales que intervienen en su fabricación?

3) ¿Qué propiedades tiene el CEM para mantener su durabilidad según requiere la norma?

4) Analice las planillas de control de calidad, haga un grafico de resistividad en función de tiempo. Saque sus propias conclusiones.

5) ¿Qué sales minerales contienen las pastillas FIX?

6) Investigue cada una de las sales detalladas e indique sus propiedades físico – químicas.

7) Analice el valor de Rt de la figura n° 101 y explique: ¿porque la corriente aumenta en el tiempo si la tensión es constante? ¿Cómo se transforma la potencia obtenida del transformador?

8) Calcule la pendiente de la resistencia de la figura n° 102. ¿Qué signo y comportamiento tiene? ¿Por qué?

5
PRINCIPIO DE FUNCIONAMIENTO DEL ELECTRODO DINÁMICO

Los electrodos dinámicos (popularmente conocidos como "jabalinas electroquímicas") satisfacen, con ventaja, cualquier artificio para mejorar las puestas a tierra y para solucionar cualquier necesidad.

Los electrodos dinámicos están formados por un "kit" con los siguientes accesorios:

* El tubo (electrodo-jabalina) de cobre y/o acero inoxidable.
* FIX (Compuesto Interno) en pastillas para rellenar el tubo.
* C.E.M. (Compuesto Externo Mejorador) en envases de 20 litros y 28 kg. cada uno.
* Caja-tapa de inspección de fundición de aluminio

ELECTRODOS DINAMICOS	*ACCESORIOS*	
	BALDES DE CEM	CAJA DE INSPECC.
ED-C20	SEIS (6)	UNA
ED-C20s	OCHO (8)	UNA
A – 300	OCHO (8)	UNA

TABLA n° 20

Implantando un electrodo dinámico se obtienen en primer lugar mejorar la referencia al S.E.N. (Suelo Eléctrica mente Neutro), porque la combinación de la química contenida en el tubo central y la composición del C.E.M. que lo recubre, permite llevar la resistencia de tierra a valores muy bajos lográndose las mejores referencias. A esto se agrega la estabilidad de su valor en el tiempo que fue demostrado, pues contamos con series de mediciones que indican que los electrodos dinámicos mantienen su valor de resistencia sin control alguno hasta un período de más de dos años, pero es recomendable respetar las verificaciones que para cada caso, las normas establecen. Estas dos condiciones: notable valor bajo de resistencia de P.A.T. y estabilidad, hacen óptimos a los electrodos dinámicos para cualquier aplicación.

LA IMPEDANCIA EN UNA TOMA DE TIERRA

El ideal de un electrodo de puesta a tierra es que presente a los pulsos una resistencia óhmica pura. Cualquier componente inductiva o capacitiva presenta una reactancia adicional al pulso que se opone a su disipación (Ldi/dt) que, según sea el escarpamiento di/dt, limita la longitud útil del electrodo.

Una jabalina convencional, cualquiera sea el metal que la componga, comienza a presentar señales de inductancia y de capacitancia alrededor de los 30 kHz, mientras que los electrodos dinámicos tienen un comportamiento puramente resistivo por su área de contacto con el suelo (interfase secundaria), lo que da excelentes condiciones para la protección contra descargas atmosféricas y tomas de tierra sin ruido para sistemas de comunicaciones y centros de cómputos.

COMPUESTO EXTERNO MEJORADOR – C.E.M.

Hay otra propiedad bien estudiada en la ingeniería del compuesto CEM, que es la propiedad de adsorción. Ella depende del tamaño de las partículas sólidas que componen el C.E.M. la cual es la más pequeña posible, por cuanto es bien conocido que el agua adsorbida baja sensiblemente su punto de congelación, también resiste el punto de ebullición. La granulometría de los minerales que componen el C.E.M. fue optimizada para maximizar este efecto, haciendo que el agua contenida se integre íntimamente en los intersticios entre partículas sólidas, desplazando al aire (que se comporta como un aislante térmico y eléctrico) quedando retenidas las moléculas de agua por las moléculas del polvo de la bentonita. El efecto de capilaridad contribuye a esta propiedad de mantener retenida el agua molecular. Esto permite instalar los ELECTRODOS DINAMICOS en climas rigurosos con temperaturas bien por debajo de 0° Celsius.

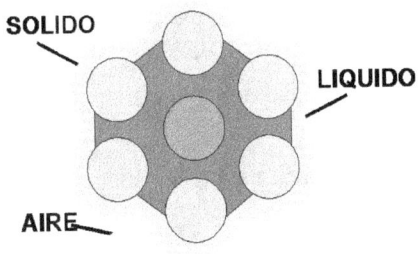

Figura n° 122 Espacio intersticial del CEM

LA DINÁMICA DE FUNCIONAMIENTO DEL ELECTRODO DINÁMICO

El hemisferio de interacción de un electrodo vertical común es aquel cuyo radio es aproximadamente 1,1 veces la longitud del electrodo donde la resistencia del mismo va cayendo exponencialmente hasta caer por debajo del 10% a medida que la capa más externa se hace más grande en dirección radial al electrodo como muestra la figura n° 123.

El suelo dentro del hemisferio de interacción ejerce influencia predominante sobre la resistencia del electrodo en cuestión.

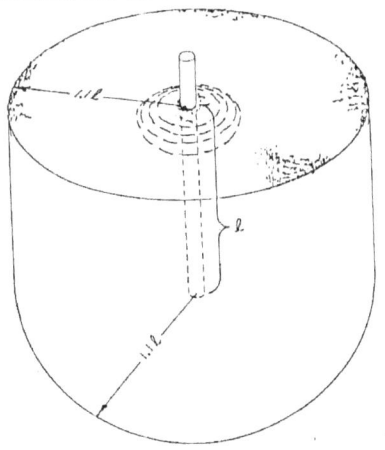

Figura n° 123 Hemisferio de Interacción

Ahora al cavar un hoyo en el suelo, y reemplazar una porción local del mismo por otro de mayor conductividad aparece una área crítica. Usualmente el suelo nuevo es introducido alrededor del electrodo dentro del hemisferio de interacción, donde trabajará efectivamente.

Se denomina cilindro crítico aquel que es reemplazado con compuesto externo mejorador CEM, altamente conductivo, causando un impacto en la resistencia de conexión como vemos en la figura n° 124.

Definimos a R1 como la resistencia del suelo dentro del hemisferio de interacción.

Definimos a R2 como la resistencia media del suelo reemplazada por el compuesto constituyendo el cilindro crítico.

La jabalina electroquímica introducida dentro del cilindro crítico presenta una resistencia Ro que ahora es la interacción de dos resistencias R1 y R2 en serie:

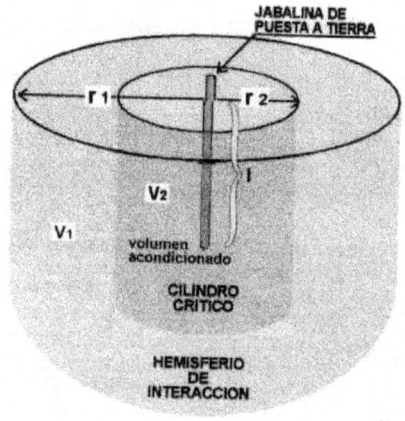

Figura n° 124 Cilindro crítico dentro del HI

Ro = R1 + R2

Por lo tanto, la resistencia de los dos componentes R1 y R2 es la función de los radios r1 y r2 o la medida del cilindro crítico llenado con CEM.

Si aplicamos la fórmula de Dwight (desarrollada en la tercera parte para el electrodo dinámico) tenemos:

Ro = 0.08538 ρ

Donde ρ es la resistividad del resto del hemisferio de interconexión.

En la siguiente figura n° 125 podemos observar la influencia del cilindro crítico dentro del suelo.

Esto es demostrable con jabalinas comunes usando varias en paralelo para obtener el mismo resultado. Aquí con un solo electrodo dinámico implantado en el CEM se consigue excelentes resultados reemplazando a varios electrodos comunes interconectados entre sí.

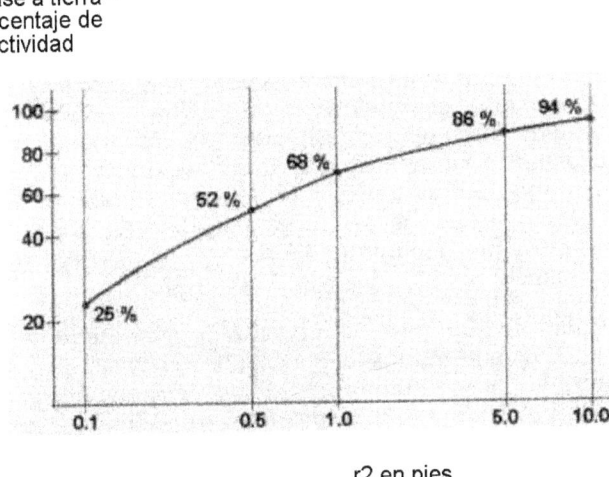

Figura n° 125 Influencia del cilindro crítico dentro del suelo

Entonces, la resistencia de un electrodo dinámico con CEM es el resultado de tres componentes: R1, R2, y R3 como ilustra la figura n° 126. Aquí R3 puede ser despreciada ya que R1 y R2 son muy bajas, R3 es un muy bajo porcentaje de su valor de acuerdo a la fórmula de Ro y además está fuera del hemisferio de interacción.

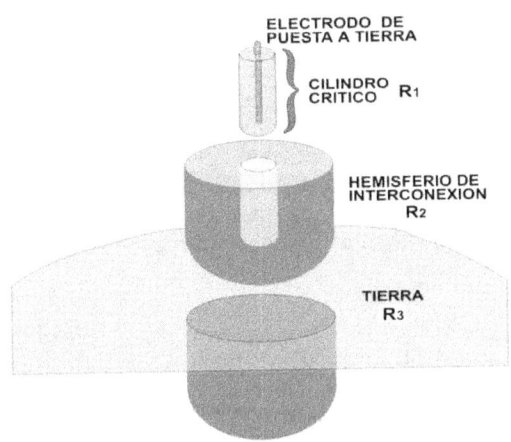

ELECTRODOS DINAMICOS:
TODA LA TIERRA COMO FACTOR EN LA
CONEXION DE RESISTENCIA DE P.A.T.

Figura n° 126

175

El electrodo dinámico contiene en su interior un compuesto de minerales comprimidos (FIX) que reactivan electrolíticamente al C.E.M. De allí el nombre de ELECTRODO DINAMICO, ya que es un proceso constante de equilibrio electroquímico entre el tubo central, el C.E.M. y el suelo o roca de instalación.

Es decir que las mismas sales minerales que tiene el CEM las tiene el Fix. De manera tal que una vez depositado el CEM en el hoyo entra en contacto con el suelo. A medida que transcurre el tiempo el CEM conforma una red ("raíces") de conductores electrolíticos de muy baja resistividad y resistencia eléctrica en el suelo o roca circundante al pozo de implante alcanzando el hemisferio de interacción, lo que mejora notablemente la resistencia de puesta a tierra y mantiene su estabilidad en el valor óhmico en períodos de sequía o de inundación.

Tanto la sequía como las lluvias y/o el paso de corriente provoca la pérdida de los iones del compuesto, es aquí donde intervienen las sales minerales del FIX reponiendo los iones perdido por el CEM y neutralizándolo, así mantiene el equilibrio químico de las sales minerales del CEM. Este es el principio electroquímico de funcionamiento patentado.

El electrodo dinámico tiene unas pequeñas perforaciones a lo largo hasta los últimos 20 cm. donde no hay más perforaciones. En ese nivel queda con pastillas FIX y agua para mantener su estabilidad óhmica por largos periodos que pueden ser de dos años o más sin requerir mantenimiento (agregado de más pastillas FIX y agua en el interior del tubo) y garantiza su funcionamiento.

Al hacer raíces el compuesto extiende sus propiedades conductivas por lo cual después de un tiempo de implante su valor óhmico baja pudiendo descender hasta el 50% de su valor inicial.

La conducción electrolítica es una de las características más importantes de los ED, es su capacidad de disminuir la resistencia con respecto al S.E.N. ante la circulación de la corriente eléctrica permanente o transitoria. Esto se debe a que, al ser un medio electrolítico el aporte de energía externa produce una ionización inmediata del C.E.M. lo que determina un término llamado RESISTENCIA DINAMICA (que en los ensayos, alcanza valores de alrededor de un 50% del valor de resistencia inicial o estática).

ACTIVIDAD

Temario propuesto para debate y resolución

1) ¿Cómo trabaja un electrodo dinámico?

2) ¿Qué se entiende por hemisferio crítico y por hemisferio de interacción?

3) ¿Cuándo coinciden los dos hemisferios?

4) Explique el proceso electrolítico realimentado.

5) Explique cómo contribuye la propiedad de adsorción y capilaridad en el CEM.

6) ¿Para qué tiene perforaciones el tubo a cada 20 centímetros aproximadamente?

7) ¿Para qué los últimos 20 centímetros del tubo no tiene perforaciones?

8) ¿Por qué se los denomina "electrodos dinámicos"?

9) ¿En qué tiempo el CEM realiza las raíces?

10) ¿En qué tiempo la Rt de un ED recién implantado puede bajar al 50%?

11) Investigue que otro sistema de puesta a tierra presenta "resistencia dinámica".

12) ¿Cómo se comporta la Rt de un ED implantado a lo largo del tiempo? Use la figura n° 116. Justifique.

6
IMPLANTE DE LOS ELECTRODOS DINÁMICOS

Se desarrolla a continuación el procedimiento de instalación de un electrodo dinámico, una guía práctica para suelos accesibles de cavar.

Guía Practica

1) EXCAVACION: Para los modelos ED-C20 y ED-A300 en el hoyo sera de 0 0,30 con una proundidad de 1,50 metros.
Para el modelo ED-C20s, el hoyo sera de 0 0,30 y una profundidad de 2,30 metros (Fig. A y B).

Herramientas : Pala hoyadora (vizcachera) Hoyadora mecanica / En roca: martillo neumatico, o electrico, o explosivos.

2) RELLENO CON C.E.M. : Abra los baldes (Cant. : 6 u 8 unidades de 20 litros c/u) y vierta el contenido en el pozo hasta 0,15 metros del nivel del piso (Fig. C)

3) ELECTRODO DINÁMICOS: Coloque el electrodo en el medio del C.E.M., Cuidando que la sección cromada del tubo, quede enterrada 1 0 2 centimetro en el C.E.M. (Fig. D).

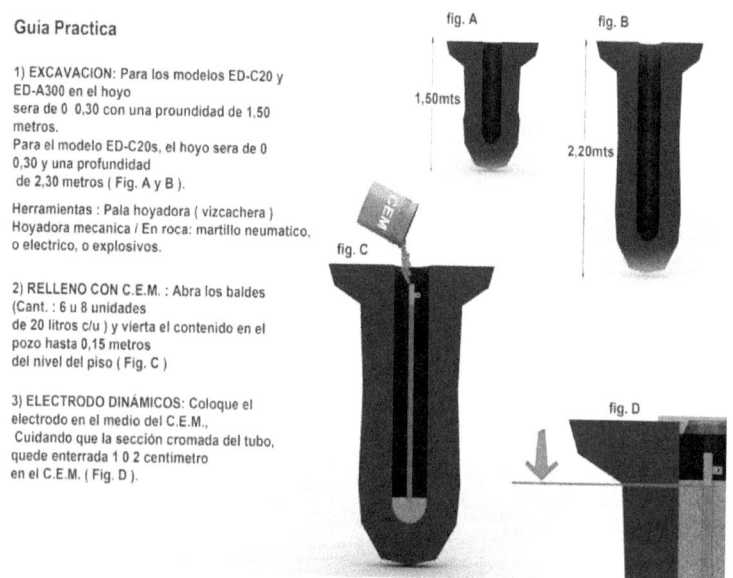

fig. A

fig. B

1,50mts

2.20mts

fig. C

fig. D

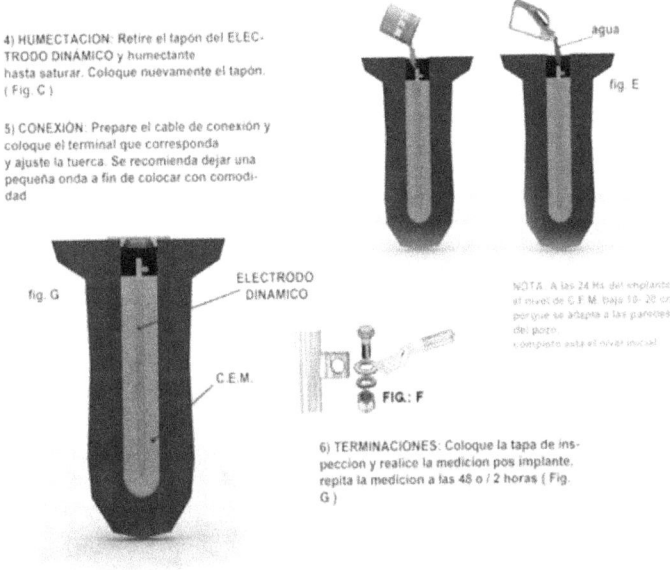

4) HUMECTACION: Retire el tapón del ELEC-
TRODO DINAMICO y humectante
hasta saturar. Coloque nuevamente el tapón.
(Fig. C)

5) CONEXIÓN: Prepare el cable de conexión y
coloque el terminal que corresponda
y ajuste la tuerca. Se recomienda dejar una
pequeña onda a fin de colocar con comodi-
dad

fig. E

agua

fig. G

ELECTRODO
DINAMICO

C.E.M.

FIG: F

NOTA: A las 24 Hs del implante
el nivel de C.E.M. baja 10- 20 cm
porque se adapta a las paredes
del pozo.
complete esta el nivel inicial

6) TERMINACIONES: Coloque la tapa de ins-
peccion y realice la medicion pos implante.
repita la medicion a las 48 o / 2 horas (Fig.
G)

INSTALACIÓN EN SUELOS DIFÍCILES

En el primer caso se observa un suelo demasiado blando que se desmorona
cuando se cava, como indica la figura n° 127.

INSTALACIÓN EN
SUELOS DIFÍCILES

EXCAVACIÓN
(POZO)

80 cm

1 mts

1,5 mts

30 cm

Figura n° 127

En los últimos 40 cm. del fondo del pozo se rellena con CEM, luego ese balde de desfonda y se lo utiliza para continuar rellenando el pozo y en sus costados se pone el suelo removido (relleno 1), y así sucesivamente vamos subiendo con el balde (relleno 2) hasta llegar a la superficie. Este proceso es lento.

RELLENO **1**

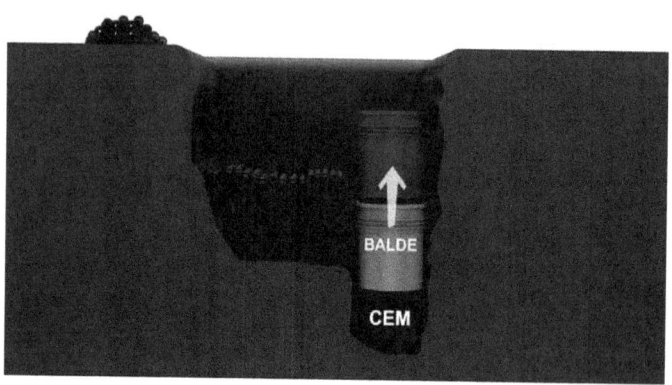

RELLENO 2

Figura nº 128 Relleno del pozo paso 1 y paso 2

En el segundo caso como los terrenos rocosos que no se puede cavar con palas, picos y puntas, se deberá usar martillos neumáticos y/o pequeñas cargas explosivas. Aunque el pozo no sea exactamente un cilindro es suficiente con que se pueda enterrar el electrodo como se muestra en la figura n° 128. El compuesto CEM penetrará en los intersticios de las rocas hará sus raíces conformando su hemisferio de interacción con el tiempo.

La posición del electrodo es vertical, pero en caso de que no se pueda también puede quedar inclinado con un ángulo máximo de 45°.

En otros casos ha sido necesario doblar el electrodo a la mitad de su longitud hasta casi 90° por su imposibilidad de penetración en el suelo y se debe rellenar todo el pozo. El electrodo se debe doblar con maquina sin achicar su sección interna. Esto quitará algo de rendimiento al electrodo ya que es más difícil de rellenar con las pastillas FIX.

En todos los casos trabaja el compuesto CEM sin inconvenientes haciendo raíces con el tiempo.

La norma solicita que una vez colocado el compuesto CEM, días después se verifique su nivel, ya que hace raíces y baja su nivel, entonces se complete con más CEM. De igual modo el agregado de agua suficiente para que el compuesto quede bien adherido al electrodo, no hay límite de agregado de agua, pues no lo lava. En el caso de una planta industrial por ejemplo que le haya ingresado algún líquido de deshecho químico, se puede lavar el compuesto agregándole suficiente agua con ClNa, de esa forma el compuesto volverá a ser no tóxico ni contaminante.

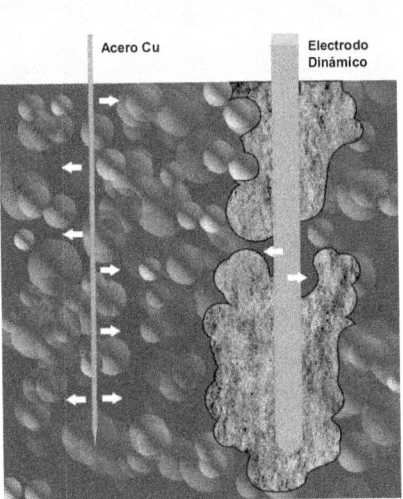

Figura nº 129

Se puede instalar la jabalina electroquímica aun en lugares pantanosos o donde la napa de agua filtre. Debido a su proceso de adsorción, no pierde sus propiedades ni se lava. La condición es que el agua no arrastre el CEM de forma erosiva.

Como los últimos 20 cm del tubo tiene pastillas y agua del implante inicial, en lugares donde hay rocío, o agua que puede ingresar de lluvia, riego, etc., se va humectando permanentemente. Esto contribuye para seguir manteniendo su valor óhmico bajo.

Respete y tome las medidas de seguridad e higiene en el trabajo.

Respete y tome las medidas de seguridad eléctrica para el trabajo.

ACTIVIDAD

Temario propuesto para debate y resolución

1) Explique cómo se efectúa el implante de un ED

2) ¿Qué herramientas debe utilizar para realizar el hoyo?

3) ¿Qué elementos y medidas de "seguridad" debe tomar para realizar este trabajo?

4) ¿Qué dificultades presenta para el implante de un ED un suelo de roca, de tosca, de arena, y de greda?

5) ¿Qué solución daría donde no se puede hacer el pozo con las herramientas convencionales?

6) ¿Cómo se lava el compuesto CEM contaminado? ¿se puede extraer del pozo y lavarlo?

7) En suelos inundados, ¿se puede colocar el CEM?

8) Investigue como varía la eficiencia en el tiempo de un electrodo dinámico implantado en posición vertical hasta llevarlo a posición horizontal como muestra la siguiente figura. Desprecie la parte vertical considerándola 10 veces más corta que la parte horizontal.

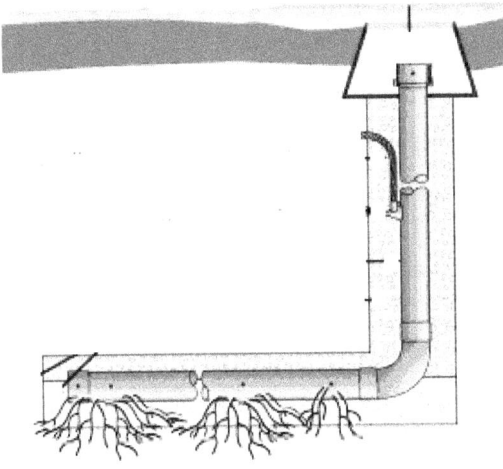

TERCERA PARTE
PARAMETRIZACIÓN DE UNA PUESTA A TIERRA

1
PARÁMETROS DE DISEÑO DE UNA PUESTA A TIERRA

En este capítulo veremos los requerimientos necesarios para poder calcular y dimensionar correctamente una puesta a tierra para la instalación eléctrica solicitada.

Ya vimos los factores a tener en cuenta respecto del suelo como humedad, salinidad, composición mineral, temperatura, compactación, etc.

Los datos necesarios a recoger para definir la resistividad del suelo bajo todas las condiciones que se encontrara por lo menos a lo largo de unos años en la localidad o ciudad que trate. El servicio meteorológico brinda parte de esta información en tablas o curvas.

Los datos a recolectar son los siguientes:

1) La resistividad del suelo en las distintas estaciones del año

2) La variación de la resistencia del suelo en función de la profundidad, hasta por lo menos 10 metros (obtención del perfil del suelo)

3) El contenido de la humedad en el momento de la medición (% por peso)

4) La variación de la humedad a lo largo del año promedio

5) Temperatura ambiente y del suelo en el momento de la medición

6) La variación de la temperatura a lo largo del año promedio

7) El promedio de la profundidad de congelamiento en el invierno, si es pertinente

8) Índice de aridez del suelo

9) El pH del suelo en especial si es muy ácido

10) La agresividad electroquímica del suelo si es factible

En el proceso de recolección de estos datos se debe tratar de ser lo más preciso posible para diseñar el sistema, pues su impresión no solo dará valores errados sino también se producirá el acortamiento de la vida útil. En el caso de no poder cuantificar alguno de estos parámetros se deberá aproximar mediante tablas de referencias y/o lo que la experiencia permita. Luego se recalculará para aproximarnos al valor real que se desea obtener.

Cuando se hacen las mediciones de resistividad de suelos, se debe tener en cuenta de medir el valor más próximo al real, para ello se deben hacer varias mediciones en distintas direcciones (a 45° por ejemplo) y variando la distancia entre las sondas, tal como pide la norma IRAM 2281 – 2. Dependiendo de la complejidad de nuestra local o edificio, se deberá hacer repetitivas las mediciones en la misma dirección, se debe verificar adecuadamente que no haya enterrados cañerías, cables o hierros que interfieran la medición por lo menos entre las sondas del telurímetro utilizado.

Una vez obtenidos todos estos datos podemos estimar la resistividad potencial promedio (average) máxima del suelo en función de las variaciones anuales.

En este cálculo no se debe usar ni tener en cuenta aditivos o mejoradores de suelo, ya que los mismos se lavan y/o diluyen y el suelo vuelve a la resistividad original.

Tampoco se debe mojar el suelo para obtener una baja resistividad o posterior resistencia de puesta a tierra. Siempre se debe tener en cuenta la condición más desfavorable que es suelo seco a temperatura ambiente.

La norma recomienda mojar la tierra en el momento del implante de la jabalina únicamente, esto es para evitar el ingreso del aire en la tierra. Además se debe compactar lo mejor posible la tierra alrededor de la jabalina.

Queremos recordar que un buen diseño va acompañado de un buen mantenimiento posterior para estabilizar en el tiempo el valor logrado.

Para su modelación y diseño en baja frecuencia, el suelo estratificado en capas homogéneas (dos, tres o más capas) resulta adecuado. Pero para repuesta ante impulsos y alta frecuencias es fundamental tener en cuenta la variación de los parámetros con la frecuencia según vimos.

Ahora ya podemos hacer el cálculo de la resistencia de puesta a tierra para el electrodo seleccionado.

> Es importante establecer una relación proporcional entre el volumen del sistema de puesta y el volumen de la estructura a proteger. Por ejemplo una jabalina de 1,5 metro no protege un galpón de 50 x 50 metros o un edificio. Estos deberían llevar una malla periférica de puesta a tierra interna o externa de profundidad importante comparada con los cimientos para que realmente trabaje sin inconveniente ante exigencias tan altas como es la descarga de un rayo.

2
CÁLCULO MATEMÁTICO DE LA RESISTENCIA DE UNA JRV

Vamos a desarrollar el cálculo de un electrodo tipo rod (varilla) en posición vertical, ya que es el más usado actualmente y arribaremos a unas fórmulas matemáticas a través de un método de cálculo simplificado.

Existen varios métodos de cálculos para hallar el valor de la resistencia de una puesta a tierra. Una varilla es considerada como un cilindro aislado y el flujo de electricidad desde adentro hacia afuera al suelo, es calculado por la misma expresión del flujo dieléctrico de un cilindro cargado aislado. Éste es el problema de la resistencia a tierra de un electrodo de puesta a tierra, es esencialmente el mismo que la capacitancia de un cilindro aislado cuya longitud es muy grande comparada con su radio.

Se utilizará el concepto de la carga electrostática del cilindro usando el método de la integral. En todos estos métodos hay un error de cálculo aproximadamente de un 1%, pero como no tiene en cuenta los distintos parámetros estudiados para el diseño de la puesta a tierra, incurre en un error de +/- 20% en el mejor de los casos.

Ya vimos que en el suelo hay cargas eléctricas esparcidas ya sean electrostáticas o electrodinámicas. Lo importante aquí es el efecto capacitivo de un "electrodo solo enterrado". Se considera que la jabalina enterrada tiene el doble de su dimensión por capacidad de cargas distribuidas. Es decir que tomamos el doble de radio y el doble de longitud. Esta primera consideración no deja de ser válida si tenemos en cuenta cuando circula corriente continua o de baja frecuencia por el electrodo se comporta capacitivamente y si es de alta frecuencia la corriente se comporta inductivamente.

Y la segunda consideración es que consideramos su radio despreciable respecto del largo de la jabalina, por lo menos unas 20 vece, r<<L. esto nos permite plantear una sola serie integral. Por lo tanto trabajaremos con nuestro cilindro equivalente.

POTENCIAL PROMEDIO ASOCIADO A UNA INYECCIÓN DE CORRIENTE EN UN ELECTRODO VERTICAL

Consideraremos una fuente puntual de corriente de corriente inyectada en un medio homogéneo infinito de resistividad *"ρ "* como se muestra en la figura siguiente.

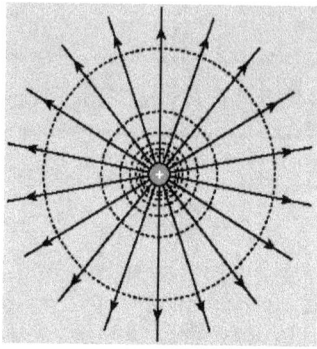

Figura nº 129 Fuente puntual

Del electromagnetismo básico se cumple:

$$J = \frac{I}{4\pi r^2} \qquad (2\text{-}1)$$

$$E = \rho \cdot J = \frac{\rho \cdot I}{4\pi r^2} \qquad (2\text{-}2)$$

Dónde:

- I corriente de la fuente puntual
- J densidad superficial de corriente a distancia r de la fuente
- r distancia a la fuente puntual
- ρ resistividad del medio
- E campo eléctrico a distancia r de la fuente
- V potencial en el punto a distancia *r* de la fuente, con referencia a un punto muy lejano $(r \to \infty)$
- K constante de integración
- ∇ gradiente de potencial

La ecuación (2-1) representa la densidad de corriente distribuida omnidireccionalmente. Si multiplicamos la densidad J por ρ nos dará el campo eléctrico E en dicha superficie que se comporta en forma radial.

Ahora E es el gradiente del potencial eléctrico con signo cambiado porque va disminuyendo a medida que nos alejamos de la fuente puntual. Si integramos la ecuación (2-3) obtenemos la ecuación (2-4).

$$\nabla E = -V \qquad (2\text{-}3)$$

$$V = \frac{\rho \cdot i}{4\pi r} + K \qquad (2\text{-}4)$$

Donde se cumple $V(r \to \infty) = K = 0$

De acuerdo a la ley de Gauss, la densidad de carga de una esfera en función de su capacitancia C, es:

$$R = \frac{\rho}{4\pi C} \qquad (2\text{-}5)$$

Se puede considerar a un electrodo o jabalina como una carga puntual a medida que nos alejamos del él más de 10 veces su longitud L como pide su principio de medición.

FUENTE LONGITUDINAL EN MEDIO HOMOGÉNEO FINITO: CILINDRO CONDUCTOR

Consideramos a una varilla como un cilindro aislado y el flujo de electricidad desde adentro hacia fuera a la tierra se calcula como por las mismas expresiones como es el la fluidez del flujo dieléctrico de un cilindro cargado. Así se viene planteando el problema de la resistencia de una puesta a tierra como la capacitancia de un cilindro aislado cuya longitud es muy grande comparada con su radio.

$$\frac{C}{L} = \frac{1}{\lambda} + \frac{1.22741}{4\lambda_2} + \frac{2.17353}{8\lambda_3} + \frac{11.0360}{16\lambda_4} + \ldots \qquad (2\text{-}6)$$

Donde

$$\lambda = Ln\left(\frac{2L}{r}\right)$$

$2L$ = longitud del cilindro aislado en metros

r = radio del cilindro en metros

C = capacitancia en unidades electrostáticas absolutas, o statfaradios

Ln = logaritmo natural

Esta fórmula proviene de integrar una serie y en base a considerar la densidad de carga uniforme sobre la superficie del cilindro mediante diferenciales y, ahora calculando el potencial promedio obtenemos:

$$\frac{1}{C}=\frac{1}{L}\left(Ln\frac{4L}{r}-1+0,5\frac{r^2}{L}-0,06\frac{r^4}{L_2}+0,002\frac{r^8}{L_4} \right) \qquad (2\text{-}7)$$

A partir del segundo término del paréntesis no tienen efecto y en la práctica son omitidos. La ecuación queda como vemos abajo y con un error del 1%.

$$\frac{1}{C}=\frac{1}{L}\left(Ln\frac{4L}{r}-1 \right) \qquad (2\text{-}8)$$

El error de la ecuación anterior no debería ser permitido si incluimos términos en r/L o al usar expresiones más complicadas en logaritmos o en funciones hiperbólicas inversas.

La fórmula queda,

$$\frac{1}{C}=\frac{1}{L}\left(Ln\frac{4L}{r} \right) \qquad (2\text{-}9)$$

La cual es basada en la capacitancia de un elipsoide en revolución del mismo diámetro y longitud como el cilindro, tiene un error más grande que la ecuación (2-8).

La resistencia de una varilla recta enterrado de longitud $2L$ metros, sin parte cerca de la superficie de la tierra, se obtiene de las ecuaciones (2-5) y (2-8) sustituyendo.

$$R=\frac{\rho}{4\pi L}\left(Ln\frac{4L}{r}-1 \right) \qquad (2\text{-}10)$$

Un electrodo vertical que penetra a una profundidad L centímetros, debe ser considerado sólo con su imagen en la superficie de la tierra. El voltaje y la forma del flujo de corriente son las mismas que de un cilindro recto de longitud 2L centímetros, pero la corriente total es la mitad, haciendo la resistencia dos veces más grande.

Por lo tanto la resistencia de puesta a tierra de una varilla vertical de profundidad L metros es

$$R=\frac{\rho}{4\pi L}\left(Ln\frac{4L}{r}-1 \right) \qquad (2\text{-}11)$$

Esta ecuación (2-11), conocida como fórmula de Dwight, es la que hemos encontrado en la práctica como más aproximada para calcular y se corresponde según la norma a la hipótesis cilindro esférica.

Esta es la ecuación para un electrodo vertical, separado de cualquier otro electrodo o elemento metálico por lo menos 1,5 L.

La validez de esta ecuación y otras que dan las normas es para baja frecuencia y siempre aproximadas.

Veamos un ejemplo práctico. Tenemos una jabalina de 1 metro y de 5/8" de diámetro. Si reemplazamos estas dimensiones en la fórmula (2-11), obtenemos

$$R = \frac{\rho}{2\pi \cdot 1}\left(Ln\frac{4.1}{0.016} - 1\right) = 0.8787\rho$$

Para jabalina de 1 metro y 1" de diámetro se obtiene $R = 0.8052\ \rho$

En forma práctica la R es aproximadamente igual a la ρ medida para una jabalina de 1 metro de largo.

En el caso de la jabalina de 1.5 metros de largo, la R es aproximadamente $2/3\ \rho$.

En el caso de una jabalina común de 2 metros de longitud de largo y una pulgada de diámetro, la R es 0.4577 de la resistividad. Como es de esperar casi la mitad de una de un metro de largo.

3
CÁLCULO MATEMÁTICO
DE LA RESISTENCIA DE UN ELECTRODO DINÁMICO

Para el caso del electrodo dinámico, el planteo matemático es similar al caso de la jabalina común con las consideraciones del caso. Es decir, ahora nuestro cilindro es de longitud L= 1,5 metro, y un diámetro D= 0.30 metro. Lo cual es mucho más ancho, y deja de ser despreciable la relación L/D, por lo tanto el coeficiente λ ahora es Ln (L/D).

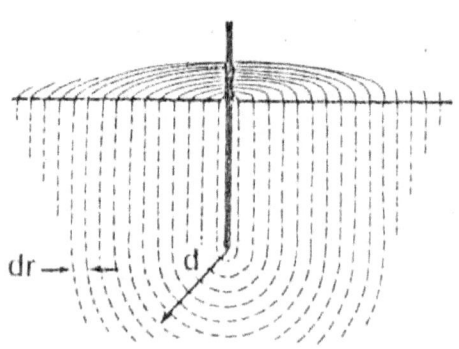

Figura nº 130 Relación L/D

Planteamos la siguiente ecuación diferencial que nos interpreta la variación de la resistencia respecto del largo/radio.

$$\frac{dR}{dL} = \rho \frac{dL}{dD} \qquad (2\text{-}12)$$

$$D = 2r \qquad (2\text{-}13)$$

El comportamiento del compuesto externo mejorador CEM es metálico puro de diámetro 30 cm, el cual a su vez hace raíces llegando mínimo al doble de la longitud L y al doble del diámetro D en 30 días promedios. La ecuación (2-7) queda ahora:

$$\frac{1}{C} = \frac{1}{L}\left(Ln\frac{L}{D} - 1 + 0.5\frac{D}{L} - 0.06\frac{D^2}{L_2} + 0.002\frac{D^4}{L_4}\right) \qquad (2\text{-}14)$$

$$\frac{1}{C} = \frac{1}{L}Ln\frac{L}{D} \qquad (2\text{-}15)$$

Aplicando la ecuación anterior a la ecuación (2-5) nos queda:

$$R = \frac{\rho}{4\pi L}\left(Ln\frac{L}{D}\right) \qquad (2\text{-}16)$$

Ésta es la ecuación para el cálculo del valor de un ED implantado.

Veamos un ejemplo práctico. Tenemos una jabalina de 1.2 metros en un pozo de 1.5 metros y de 0.30 m de diámetro. Si reemplazamos estas dimensiones en la fórmula (2-16), obtenemos

$$R = \frac{\rho}{4\pi \cdot 1,5}\left(Ln\frac{1,5}{0,30} - 1\right) = 0,08538\rho \qquad (2\text{-}17)$$

Para el electrodo dinámico de 2 metros de largo en un pozo de 2.3 metros y de diámetro 0.40 metro se obtendría

$$R = 0,0605\rho \qquad (2\text{-}18)$$

Para el electrodo de 1.2 metros de largo y de 2" de ancho tendremos

$$R = 0,0701\rho \qquad (2\text{-}19)$$

Obtenemos como conclusión que la resistencia obtenida con el electrodo dinámico es 10 veces más baja que la obtenida con el electrodo común.

4
DISEÑO DE UNA PUESTA A TIERRA
CON JABALINA REDONDA VERTICAL – IRAM 2309

En el diseño de una puesta a tierra con jabalina tipo varilla debemos partir conociendo y/o midiendo por lo menos los seis primeros puntos del capítulo uno de esta tercera parte.

1° El lugar de instalación puede ser en el exterior o en el interior de nuestro local de referencia. Lo cual condiciona nuestro trabajo a realizar en el suelo o piso.

2° Usamos el valor de la resistividad del suelo más alta medida en todas las direcciones y por su puesto alejada de todas las estructuras y de todas las cañerías subterráneas. Estas son las condiciones ideales, ya que todos estos elementos nos interfieren en la medición tanto de la resistividad y/o de la resistencia final porque nos baja el valor por acoplamiento capacitivo o conducido. Ejemplo 80 Ω.m, 100 Ω.m. Tomamos el valor 100 Ω.m.

3° De acuerdo al tipo de instalación y/o equipamiento a ser conectado se elegirá el valor de la puesta a tierra necesitado como ser 3 Ohms, 10 Ohms, 40 Ohms.

4° Elegimos la longitud de nuestro electrodo por ejemplo 1 m, 1.5 ms o 3 metros, etc.

5° Calculamos la resistencia de una jabalina con la fórmula (2-11). Si tomamos 100 Ohm.metro en una jabalina de 1 m de largo nos dará una R = 100 Ohms aproximadamente. Generalmente con una jabalina común no es suficiente para conseguir el valor de resistencia de puesta a tierra. El suelo que puede ser la excepción de la regla es una buena capa de humus con valor de resistividad muy baja como figura en la tabla n° 1 del capítulo 2 de la primera parte.

6° Determinamos nuestra configuración electrogeométrica de dispersión de puesta a tierra, ejemplo pata de ganso, malla, etc. Si continuamos con nuestro ejemplo y si nos piden un valor de resistencia de puesta a tierra de 10 Ω, deberemos poner jabalinas en paralelo. Usamos la fórmula de resistores en paralelos.

$$\frac{1}{R_t} = \frac{1}{R_1} + \frac{1}{R_2} + \frac{1}{R_3} + \frac{1}{R_4} + \cdots \qquad (2\text{-}20)$$

$$\frac{1}{R_t} = \sum_{i=1}^{i=n} \frac{1}{R_i} \qquad (2\text{-}21)$$

Siendo las R_i iguales, o sea R1 = R2 = R3 etc.

$$\frac{1}{R_t} = \frac{n}{R_1} \text{ es decir } R_t = \frac{R_1}{n} \qquad (2\text{-}22)$$

En nuestro ejemplo deberemos implantar diez jabalinas comunes para obtener el valor solicitado de 10 Ohms. Ellas serán vinculadas entre si con cable de cobre de sección adecuada, entre 35 mm^2 a 70 mm^2. Cuando se mide las jabalinas, es preferible medirlas por separadas, es decir no vinculadas entre si y luego se calcula el resultado. Y en caso de medirlas en conjunto, el cable de cobre que las une no debería estar tapado con la tierra a fin de evitar su participación en la dispersión de la corriente en la medición, recordemos que el cable de *Cu* enterrado se oxida y corroe más rápido el electrodo implantado. Entonces debería darnos el mismo valor que en el caso anterior

De la misma forma podemos hacer la comparativa de la jabalina común de 2 metros con la jabalina electroquímica de 2 metros con resultados similares.

5
DISEÑO DE UNA PUESTA A TIERRA
CON ELECTRODOS DINÁMICOS – IRAM 2314

En el diseño de una puesta a tierra con electrodos dinámicos también debemos partir conociendo y/o midiendo por lo menos los seis primeros puntos del capítulo uno de esta tercera parte, que nos serán muy útiles para el mantenimiento.

Seguimos los pasos del punto 1°, 2° y 3°.

En el 4° paso elegimos el electrodo de 1.2 m o de 2 m, de *Cu* o de Acero inoxidable. Por ejemplo elegimos el electrodo de 1.2 m que va implantado en un pozo de 1.5 m de profundidad relleno de compuesto CEM.

En el 5° paso calculamos el valor que se obtendría de la puesta a tierra con una jabalina electroquímica o electrodo dinámico mediante la fórmula (2-17):

$$R = 0.08538 \; \rho = 0.08538 \times 100 = 8.53 \; \Omega$$

Es decir que con un solo electrodo dinámico estamos por debajo del valor solicitado. Ahora debemos medir la jabalina con un telurímetro y verificar el valor calculado en el momento del implante. A los 30 días de implantada la jabalina debería bajar su valor hasta la mitad.

Veamos otro ejemplo. Si tenemos una resistividad de 200 $\Omega \cdot m$, con jabalina común de 1 m de longitud, haciendo los cálculos como vimos necesitaremos 20 jabalinas comunes en paralelo. Si realizamos la puesta a tierra con electrodos dinámicos necesitaremos dos electrodos y si su valor baja con el tiempo tal vez necesitaremos una sola jabalina.

Para la jabalina de 2 metros en un pozo de 2,2 metros, nos dará una R de 0.03948 de la resistividad del terreno.

6
MANTENIMIENTO DE UNA PUESTA A TIERRA COMÚN

Este es el capítulo más importante del libro, pues entender bien la necesidad del mantenimiento contribuye a la vida útil de la puesta a tierra y principalmente que puedan actuar las protecciones para salvar las vidas.

En el caso del electrodo común o varilla tipo rod, es necesario realizarle dos veces al año un mantenimiento consistente en:

1) Abrir y/o levantar la tapa de inspección.

2) Desconectar el cable de cobre que viene de la instalación con la precaución de que no sea retorno de energía.

3) Sacar el tomacable.

4) Limpiar con un cepillo de alambre los elementos que se encuentren oxidados: cabeza de jabalina, toma cable y cable de *Cu*.

5) Si el cable de cobre se encuentra corroído y/o disminuido en su sección, etc., deberá ser cambiado (no está permitido enterrar manguito de empalme, grampa peine, etc.).

6) Si el suelo alrededor de la jabalina no está firme o la jabalina tiene movimiento, se deberá compactar el suelo y humedecer por única vez.

7) Rearmar nuevamente todos los elementos y ajustar correctamente.

8) Medir con telurímetro por los menos en dos direcciones perpendiculares como pide la norma y tomar el valor más alto.

Se debe recordar que la norma pide por lo menos una vez al año se verifique el estado de la puesta a tierra aún si está tapada con concreto, y en un tiempo máximo de 5 años, que es un tiempo promedio donde se acaba la vida útil de la jabalina, se debería verificar su estado descubriéndola. Dependiendo de la agresividad del suelo, la jabalina cumplió su vida útil pasado ese tiempo máximo, por lo cual se debe pensar en hacer una nueva puesta a tierra.

7
MANTENIMIENTO DE ELECTRODO DINÁMICO

Para el caso del electrodo dinámico, es necesario realizarle una vez al año un mantenimiento consistente en:

1) Abrir y/o levantar la tapa de inspección.

2) Desconectar el cable de cobre que viene de la instalación con la precaución de que no sea retorno de energía.

3) Sacar el tapón de la jabalina.

4) Verificar el estado del compuesto CEM, por ejemplo si ha bajado por debajo del color plateado, o si se ha despegado el compuesto de la pared del tubo o de la pared del pozo. Verificar si faltan pastillas dentro del tubo y que color tienen. Con una varilla metálica presionar para que bajen las pastillas por si se han pegado

5) Limpiar con un cepillo de alambre los elementos que se encuentren oxidados: cable de *Cu* y terminales.

6) Si el cable de cobre se encuentra corroído y/o disminuido en su sección, etc., deberá ser cambiado (no está permitido enterrar manguito de empalme, grampa peine, etc.).

7) Agregar suficiente agua para que se vuelva a ablandar el compuesto CEM y adherir al tubo de cobre. Agregar pastillas FIX dentro del tubo hasta la altura de la oreja. Rellenar con compuesto CEM si es necesario hasta la altura del cromado. Agregar agua suficiente dentro del tubo de cobre.

8) Rearmar nuevamente todos los elementos y ajustar correctamente.

9) Medir con telurímetro por los menos en dos direcciones perpendiculares como pide la norma y tomar el valor más alto.

Se debe medir con el telurímetro antes de realizar el mantenimiento y después de realizado. Dependiendo del telurímetro se puede medir con la jabalina conectada a la instalación o desconectada. Se debe conocer muy bien el procedimiento para no desconectar cables de puesta a tierra en circuitos activos y recibir impactos peligrosos para la vida.

Se debe llevar una planilla periódica con los controles y mediciones.

CASOS PRÁCTICOS DE MANTENIMIENTO ENCONTRADOS

En una planta industrial con subestación transformadora interna cuya malla de puesta a tierra está conformada por un reticulado con seis electrodos dinámicos distribuidos. Tres electrodos dan hacia el lado interno de la planta, y los otros tres hacia el lado externo de la planta.

Una vez apagada la subestación transformadora con las medidas de seguridad adecuada se procedió a revisar los electrodos dinámicos.

Los tres ED hacia el lado de la planta le faltaban pastillas en ¾ de su longitud. Mientras que los otros tres electrodos le faltaban muy pocas pastillas y el CEM se encontraba despegado del tubo.

A los electrodos que le faltaban pastillas se debía a que circulaba corriente por la tierra en el orden de decenios de amperes. En cuanto a los electrodos restantes en otras maniobras realizadas anteriormente dieron energía con el transformador cortocircuitado a tierra en la entrada, por lo cual la media tensión descargó directamente en los electrodos más cercanos en frecuencia industrial y durante un tiempo prolongado hasta las actuaciones de las protecciones.

Después de agregar pastillas y abundante agua, el CEM que tiene el aspecto de un barro bituminoso, volvió a adherirse al electrodo.

Su valor óhmico promedio medido antes del mantenimiento era de 3,8 Ohm, postmantenimiento fue de 2 Ohms.

Es decir que el electrodo dinámico tiene memoria, deja registrado los eventos que le suceden.

Después de muchos años de implantado el electrodo, se recomienda sacarlo y limpiarlo por dentro. En suelos muy agresivos se sulfata por dentro y tapona las pastillas, las cuales se deben cambiar.

Las normas recomiendan hacer este procedimiento cada cinco años.

8
MEDICIÓN PRÁCTICA EN CAMPO DE UNA PUESTA A TIERRA

PRINCIPIO DE MEDICIÓN DE LOS MODERNOS TELURÍMETROS

Los telurímetros modernos son totalmente digitales y vienen con accesorios como jabalinas auxiliares para clavar en el piso, pinzas cocodrilo para inyectar y medir corriente y tensión, pinzas de corriente y rollos de cables en una extensión de 50 metros.

El principio de funcionamiento se basa en generar un corriente alterna senoidal de frecuencia no múltiplo ni submúltiplo de la frecuencia industrial (50/60 Hz), por ejemplo 93,8 Hz. El instrumento lleva incorporado un filtro de inmunidad al ruido para eliminar las corrientes de frecuencia industrial y las corrientes parásitas del suelo.

Su principio de funcionamiento y medición es vectorial. Calcula la componente resistiva independiente de la reactiva, y con el método de las pinzas de corriente permite direccionar la medición de la jabalina que se desea.

> Advertencia: los telurímetros generan tensión por arriba de los 100 voltios entre sus puntas de medición.

MEDICIÓN DE RESISTIVIDAD DEL SUELO

El método se basa en la aplicación del principio de la caída del potencial, donde utiliza cuatro sondas auxiliares enterradas en el suelo en línea recta como se observa en la figura. Utilizamos el modelo electrogeométrico básico para medir la resistividad volumétrica del suelo de un punto M en direcciones perpendiculares como indica la norma IRAM 2281-2.

Las sondas C_1 y C_2 inyectan la corriente I, mientras que las sondas P_1 y P_2 miden la caída de potencial V en el suelo como muestra la figura n° 131.

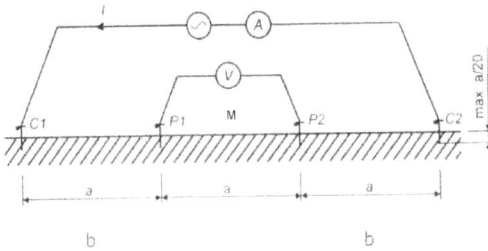

Figura nº 131 Principio de medición de tierra

Aquí "a" es la distancia entre sondas auxiliares P_1 y P_2, y "b" es la distancia entre las sondas auxiliares C y P. "d" es la profundidad alcanzada por la sonda auxiliar indicada como máximo a/20.

La "ρ" resistividad especifica de la tierra en $\Omega \cdot m$ (si a>20d) viene dada por la siguiente fórmula:

$$\rho = \pi \left[\frac{a^2}{b+a}\right] R$$

Si $b > a$ método de *Palmer*

Si $b < a$ método de *Schlumberger*

Si $b = a$ método de *Wenner*

Comúnmente se usa el método de *Wenner* y se debe introducir en el instrumento el valor de "a". Así queda la fórmula:

$$\rho = 2\pi \cdot a \cdot \frac{V}{I}$$

- Se observa que para un valor dado de Rho1 cuando "a" aumenta, R disminuye.
- Esto se estima a una profundidad de "d" aproximadamente 70% de "a"
- Con el método de Wenner (años 1915 USA) medimos la resistividad aparente o promedio de una capa o estrato del suelo a profundidad 0.7a.

Como se deben realizar varias mediciones, como indica la norma, se tomará el valor más alto medido de resistividad.

Si queremos medir capas más profundas, ρ a distintas profundidades:

$$d_1 > d_2 \Rightarrow a_1 > a_2 \; ; \; \rho_1 \neq \rho_2?$$

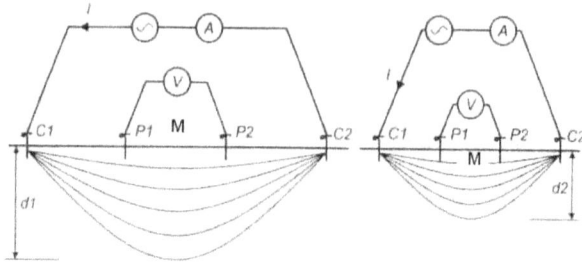

Figura n° 132 Influencia de la distancia "a" a la profundidad medida

No siempre ρ_1 es distinto de ρ_2, puede dar cualquier resultado. Si se necesita precisión de capas profundas se debe recurrir al método propuesto en el apartado *"Suelos heterogéneos"* de la primera parte cuando se trate de instalaciones de gran porte.

MEDICIÓN DE LA RESISTENCIA DE UNA JABALINA

Aquí los telurímetros dan tres opciones para medir una puesta a tierra. No siempre se puede separar la jabalina de la instalación, o en el caso de una malla o cualquier otra configuración que tenga el sistema de tierra, se considera a toda la configuración como una sola jabalina grande. En ese caso se busca el valor de la diagonal más grande, denominada D, como la longitud de una gran puesta a tierra a ser medida.

Nota: las sondas auxiliares sirven de referencia SEN y su valor óhmico es corregido por el instrumento. El instrumento indica si el valor de RC y RP supera los KOhms y no permite hacer la medición.

1° Caso – Medición con dos sondas auxiliares para jabalina desconectada de la instalación eléctrica.

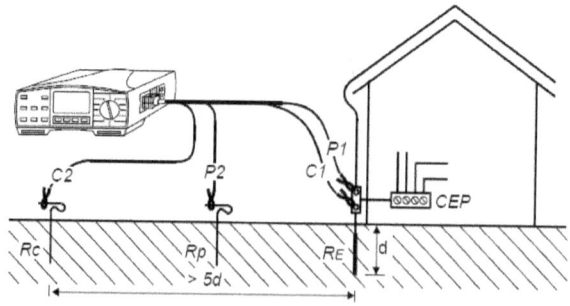

Figura n° 133 Medición de una jabalina

Obsérvese en la figura n° 133, la distancia entre la jabalina a medir RE y las sondas auxiliares RC y RP deberá ser como mínimo 5 veces la longitud "d" del electrodo a medir. La jabalina no debe estar conectada, caso contrario medimos toda la instalación eléctrica y estructura dándonos un valor erróneo.

En el siguiente ejemplo tenemos una configuración de cuatro jabalinas unidas entre sí formando una malla pero aun no vinculada con los tableros eléctricos. Nuevamente respetar la distancia 5d tomada de la diagonal de la malla.

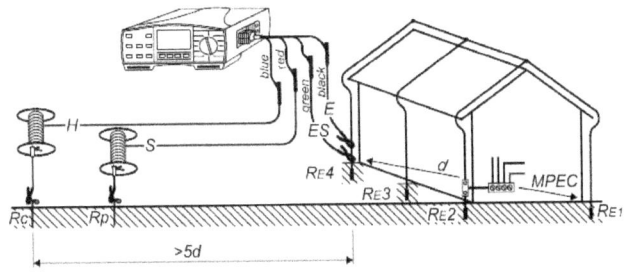

Figura n° 134 Medición de una malla

2° Caso – Medición con sondas auxiliares y una pinza de corriente.

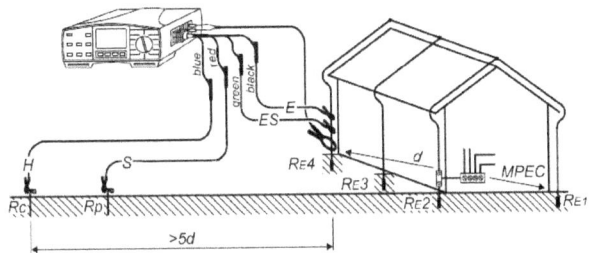

Figura n° 135 Método con una pinza

Este método es el más preciso para medir una jabalina o malla conectada a la instalación eléctrica. La pinza auxiliar se conecta debajo de los cocodrilos en la jabalina que se quiere medir. Si se coloca arriba la pinza de corriente se mide la instalación eléctrica de tierra. Utiliza las dos sondas auxiliares.

3° Caso – Método de las dos pinzas

La medición con dos pinzas es un método más moderno y requiere más profundidad del tema para adaptar el modelo matemático de funcionamiento a la configuración existente de electrodos en el suelo.

Permite medir cada una de las jabalinas conectada dentro de configuración como malla, pata de ganso, etc. En el ejemplo de la figura n° 136 por ejemplo se quiere medir la jabalina R4 la cual está en serie con el paralelo de todas las otras jabalinas (R3//R2//R1). Aquí la condición es que la R$_{paralelo}$ sea 10 veces menor que R4, así el error es despreciable. Las pinzas deben tener una separación mínima de 30 centímetros para que no se interfieran y den error en la medición.

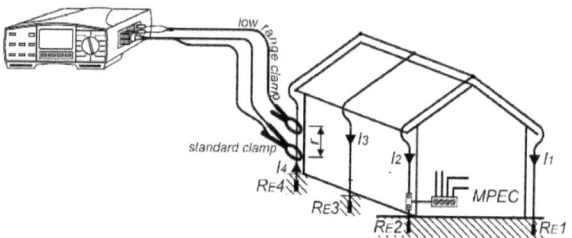

Figura nº 136 Método de dos pinzas de corriente

Nota: cuando no se puede enterrar las sondas auxiliares por ser piso cubierto y no de tierra, se pueden usar placas metálicas de 0.40 x 0.40 metro apoyadas sobre un paño mojado en el piso y bien apretado. De esta forma las placas reemplazan a las sondas y se puede medir igual como enseñan las normas IEEE.

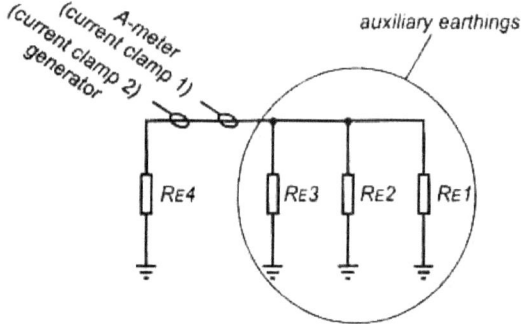

Figura nº 137 Circuito equivalente de medición

En todos los casos medidos el error de medición puede oscilar entre +/- 20 % que no afecta al valor medido, es despreciable, siempre que esté bien aplicado el método de medición. Por ejemplo si medimos 20 Ohms +/- 20 % cumple con la reglamentación de la AEA. Pero si medimos 100 Ohms +/- 20 %, en ningún caso cumple con lo solicitado por dicha reglamentación.

ACTIVIDADES

Temario propuesto para debate y resolución

1) ¿Cuáles son los parámetros que debemos tener en cuenta para diseñar una puesta a tierra?

2) ¿Cómo se mide la resistividad del suelo?

3) ¿Cómo se mide la conductividad del suelo?

4) ¿Qué vida útil espero del sistema de puesta a tierra?

5) ¿Cuál es la aplicación del sistema de tierra?

6) ¿Cuál es la fórmula de Rt para un electrodo vertical?

7) ¿Cuál es la fórmula de Rt para un electrodo dinámico

8) Investigue las fórmulas para los distintos tipos o formas de electrodos de puesta a tierra (esfera, placa, perfiles varios, etc.).

9) Desarrolle las fórmulas de resistencia en serie y resistencia en paralelo de jabalinas.

10) ¿Cuándo se usa una u otra fórmula?

11) ¿Cómo se mide el valor de una Rt de una jabalina si está conectada?

12) ¿Por qué es importante tener un volumen de puesta a tierra?

13) ¿Por qué se debe realizar mantenimiento a una puesta a tierra?

14) ¿Cómo se realiza el mantenimiento de una jabalina común?

15) ¿Cómo se realiza el mantenimiento de un electrodo dinámico?

16) ¿Cada cuánto año se debe levantar o destapar las soldaduras y los electrodos enterrados para verificar su estado?

17) ¿Debe circular corriente permanente por la puesta a tierra?

18) ¿Qué consecuencia produce si circula corriente permanente en ambos tipos de electrodos?

19) ¿Cuándo se utiliza cable bicolor o cable de *Cu* desnudo en la instalación de puesta a tierra?

20) ¿De qué sección debe ser el cable de puesta a tierra?

21) ¿Cuáles son las normas y reglamentaciones que se deben cumplir realizar un buen sistema de puesta a tierra?

22) ¿Cuál es el valor máximo de la resistencia de puesta a tierra permitido por la reglamentación de la AEA? Explique porqué.

23) En la instalación de cableado de puesta a tierra de la siguiente figura, indique cual es la correcta y explique por qué.

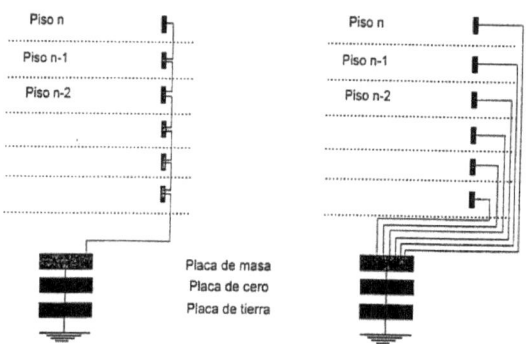

24) En la figura siguiente se observa una descarga por la puesta a tierra y circula corriente por la misma acoplándose en la instalación vecina. Explique cómo lo solucionaría y cuales son todas las protecciones que se deben instalar para que no se dañe el equipo conectado y sea segura para las personas.

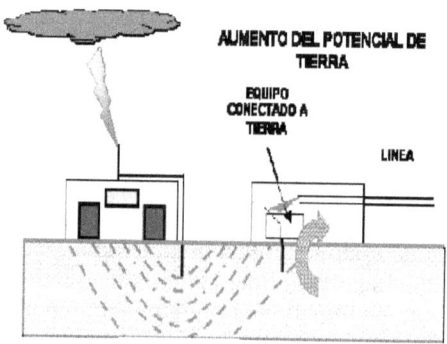

25) Observe la figura n° 29, explique si esa instalación está correctamente realizada. En caso contrario indique como la haría.

26) En el tomacorriente de la figura, de acuerdo a nuestra norma, indique cual es el borne de tierra, el borne de neutro y el borne de fase.

Módulo tomacorriente bipolar con tierra de la línea
HABITAT

Vista trasera del mismo módulo que muestra el correcto conexionado de los conductores de línea, neutro y tierra

27) ¿Con cuál de los siguientes instrumentos se mide una puesta a tierra?

- Voltímetro
- Amperímetro
- Óhmetro
- Telurímetro

Explique en cada caso porqué si y porqué no. ¿Cuáles son los errores cometidos?

28) Tenemos dos electrodos JRV de 1.5 metro de longitud 7/8" implantados en un mismo terreno, distantes uno de otro, cuya resistividad es de 100 Ohm.metro. La diferencia es su posición en el suelo, uno vertical y el otro horizontal a 0.50 metros de profundidad. ¿Qué valor de Rt tendrá cada uno? ¿Son iguales los valores medidos? Explique porqué si o porqué no. ¿Qué fórmulas se usan para su cálculo?

29) En función de la siguiente figura calcule el valor de Rt en cada caso.

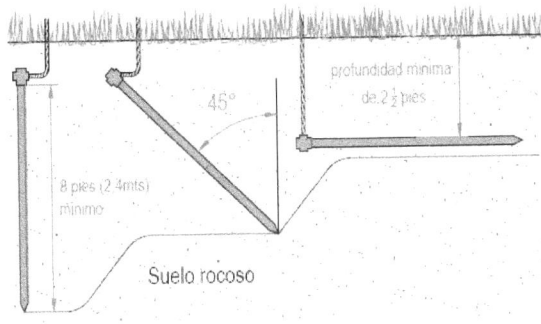

30) Investigue que relación existe entre el volumen de una puesta a tierra y una instalación y/o estructura edilicia. Justifique.

Anexo I
Tabla Comparativa De Jabalinas

MODELO		
	JRV	ED
Propiedades		
Valor óhmico por electrodo	alto	bajo
Inductancia por electrodo	alta	baja
Precio unitario	bajo	alto
Precio a igual valor óhmico	alto	mediano
Costo de mantenimiento	bajo	mediano
Vida útil	baja	alta
Fórmula	$R = \dfrac{\rho}{2nL}\left(Ln\dfrac{4L}{r} - 1\right)$	$R = \dfrac{\rho}{4nL}\left(Ln\dfrac{L}{D}\right)$

BIBLIOGRAFÍA

Análisis de los regímenes térmicos transitorios de electrodos de puesta a tie-rra" Ing. Arcioni A.E.A. 1993.

ASTM C1202 "Standard test method for electrical indication of concretes ability to resist cloride ion penetration".

ASTM D427 "STANDARD TEST METHOD FOR SHRINKAGE OF SOILS".

ASTM D2974 Standard Test Methods for Moisture, Ash, and Organic Matter of Peat and Other Organic Soils.

ASTM D2216 "TEST METHOD FOR LABORATORY DETERMINATION OF WATER (MOISTURE)CONTENT OF SOIL AND ROCK".

ASTM D2487 "STANDARD PRACTICE FOR CLASSIFICATION OF SOILS ENGINEERING PURPOSES (UNIFIED SOIL CLASSIFICATION SYSTEMS)".

ASTM D4217 "GEL TIME OF THEMOSETTING COATING POWDER TEST".

ASMT D4609 "STANDARD GUIDE FOR EFFECIVENESS OF CHEMICAL FOR SOILS STABILIZATION".

ASTM D4643 Standard Test Method for Determination of Water (Moisture) Content of Soil by the Microwave Oven Heating.

ASTM D 4829 "EXPANSION INDEX OF SOIL TEST".

ASTM D4943 Standard Test Method for Shrinkage Factors of Soils by the Wax Method.

ASTM E 946 "STANDARD TEST METHOD FOR WATER ABSORPTION OF BENTONITE POROUS METHOD".

ASTM G31 "Standard Practice for Laboratory Immersion Corrosion Testing of Metals".

ASTM G51 "STANDARD TEST METHOD FOR MEASURING ph OF SOIL FOR USE CORROSION TESTING".

ASTM G57 "method for field measurement of soil reistivity using the wenner four- electrode method".

ASTM G71 Guide for Conducting and Evaluating Galvanic Corrosion Tests in Electrolytes

ASTM G71 Standard Guide for Conducting and Evaluating Galvanic Corrosion Tests in Electrolytes.

ASTM G162. Standard Practice for Conducting and Evaluating Laboratory Corrosions Tests in Soils.

Baldev Thapar, Omar Ferrer, Donald A. Blank, grounding resistance of concrete foundatios in substation yards, ieee transactions on power delivery, vol. 5, no.1, january 1990, pp 136.

BALL LIGHTNING. Donald J. Ritchie. New York. 1961.

Centrales Eléctricas. 8° Edición. CEAC. Barcelona. 1995.

CEP. 05508-900 - São Paulo, SP tel: 55-11-3818-5617, e-mail: liria@pcs.usp.br

Código de Seguridad contra descargas atmosféricas. Instituto Argentino de Seguridad.

Concentrador equipotenciado de tierras CT 100 – CT 200. LANDTEC. 1999.

Considerazionistoricoambientalisull´effetonaturaleantimpatto – intuizione problemática. Bollettinodell´ I.S.F. Varese. Italia. 1985.

Configuración de continuidad eléctrica y puesta a tierra dentro de los edificios de Telecomunicación. CCITT Recomendación K.27. 1991.

Curso de Puesta a Tierra en edificios destinados principalmente a viviendas. Paraninfo. España. 1992.

Curso "Puesta a Tierra de Sistemas y Redes" Ing. Arcioni. UNC. 2001.

Demostración de efectividad de una jabalina de puesta a tierra electroquímica ante alta frecuencia. Acta de Medición y Ensayo FAMAF. 1996. LANDTEC S.R.L.

Desarrollo de ensayos realizados con electrodos dinámicos ED-C20. UNC. 2000. LANDTEC S.R.L.

Diseño de una puesta a tierra de baja resistencia y baja impedancia. Manual de manutención básico. LANDTEC S.R.L. 1999.

Distribución rural monofilar con retorno por tierra. A.E.A.

El fenómeno del rayo. LANDTEC. 1998.

El comportamiento de las toma de tierra bajo fuertes ondas de choque. Ing. Manuel Varela. 1997.

Ensayo de determinación de calor especifico del compuesto externo mejorador C.E.M. Laboratorio de Física. UNC. 2000.

EUGENE J. KAGAN AND RALPH H. LEE "THE USE OF ELECTRODE OF CONCRETE- ENCLOSED REINGORCING AS GROUNDING ELECTRODES, IEEE TRANSACTIONS ON INDUSTRY AND GENERAL APPLICATIONS, VOL. IGA- 6, No.4, JULY/AUGUS 1970, pp 337-348.

Física Electrónica. Dante Pedraza. Cba. 1988.

Fundamentos de protección Contra Descargas Eléctricas y Pulsaciones Electromagnéticas. Roger Block Poly. Phaser Corp. USA. 1993.

Fundamentos e ingeniería de las PAT. Moreno. Medellín. 2007.

IEEE- 4 "IEEE STANDARD TECHNIQUES FOR HIGH-VOLTAGE TESTING"

IEEE 80 GUIDED FOR SAFETY IN AC SUBSTATION GROUNDING.IEEE 142 IEEE Recommended Practice for Grounding of Industrial and Commercial Power Systems.

IEEE 81 IEEE GUIDE FOR MEASURING EARTH RESISTIVITY, GROUND IMPEDANCE.

IEEE 142 IEEE Recommended Practice for Grounding of Industrial and Commercial Power Systems.

IEEE Std.142:1991

Instalaciones Eléctricas Generales. 8° Edición. CEAC. Barcelona. 1995.

Instalaciones Eléctricas. Tomo I y II. Spitta. Siemens Berlin. 1975.

Introducción a la ingeniería electroquímica. Couret. Barcelona. 1992.

Ingeniería de Puesta a Tierra. Miguel de La Vega Ortega. México. 1998.

IRAM 2281 Partes 1 al 8 "Puesta a tierra de sistemas eléctricos"

IRAM 2280 – 1 Técnicas de ensayo con alta tensión. Definiciones y requisitos generales para ensayos.

IRAM 2309 Materiales para puesta a tierra. Jabalina cilíndrica de acero-cobre y sus accesorios.

IRAM 2310 Materiales para puesta a tierra. Jabalina cilíndrica de acero cincado y sus accesorios.

IRAM 2314 Materiales para puesta a tierra. Jabalina electroquímica (electrodo dinámico electrolítico) y sus accesorios.

L´Impiantoparafulmine. Metodología impiantistica di base: esempisignificativi. Bollettinodell´ I.S.F. Varese. Italia. 1985.

La protección contra el rayo. Ing. Manuel Varela. 1997.

Las puestas a tierra criterios de seguridad eléctrica y técnica. Ruben R. Levy. Universitas. Córdoba. 2010.

Las puestas a tierra y la seguridad técnica en las instalaciones de BT y MT. Juan Carlos Arcioni. Universitas. Córdoba. 2004.

Ley nacional de seguridad e higiene en el trabajo n° 19.587 y los decretos reglamentarios n° 351/79, n° 617/97 y n° 911/96.

Los rayos, sistema general de protección. LANDTEC S.R.L. 2000.

M.B. KOSTIC, B.D. POPOVIC, M.S. JOVANOVIC, "NUMERICAL ANALYSIS OF A CLASS OF FOUNDATION GROUNDING SYSTEMS, IEE PROCEEDONGS, VOL. 137, Pt. C, No.2, MARCH 1990.

M.B. KSOTING, Z.R. RADAKOVIC, N.S. RADOVANOVIC, M.R. TOMASEVIC-CANOVIC, "IMPROVEMENT OF ELECTRICAL PRPOERTIES OF GROUNDING LOOPS BY USING BENTONITE AND WASTE DRILLIN MUD,IEE PROC.-GENER.TRANSM.DISTRIB. VOL. 146 No.1 JANUARY 1999, pp. 1-6".

M. KURKOVIC and S. VUJEVIC, "EARTHING GRID PARAMETERS WITH CONDUCTOR SURROUNDED BY AND ADDITIONAL SUBSTANCE IEE PROC. GENER. TRANS. DISTRIB, VOL. 147, No. 1, January 2000 pp 57-61.

Maria Helena Murta Vale, Humberto de Aquino Silveira, Silvério Visacro F., Liria Matsumoto Sato "Parallel Processing Applied to the Design of Concrete Encased Grounding Electrodes", PCS- Departamento de Engenharia de Computação e Sistemas Digitais Escola Politécnica da Universidade de São Paulo Av. Prof. Luciano Gualberto, travessa 3, n° 158.

Manual de Edafología. Antonio Lopez. Sevilla. 2006.

Manual de Introducción a la Higiene Industrial. Bloomfield J.J.

Manual Dranetz – Power Quality, Dranetz Company. New York. 1994.

Manual Metrel, Measurement on electric installations. 1998.

Pericias en instalaciones eléctricas. Ruben R. Levy. Universitas. Córdoba. 2011.

Principles of Instrumental Análisis. SkoogLeary. Stanford. 1992.

Protección contra descargas atmosféricas. Manual para uso del personal de seguridad. Ing. Manuel Varela. 1983.

Puesta a tierra de Sistemas y Redes de BT, MT y AT. Tomo I y tomo II. Ing. Arcioni. Universitas. 2001.

S.D. CHEN "GRANULATED BLAST FURNACE SLAG USED TO REDUCE GROUNDING RESISTANCE", IEE PROC. GENER. TRANS. DISTRIB, VOL. 151, No. 3, may 2004, pp 361-366.

Seguridad e Higiene Industrial y Ambiental. Universitas. Córdoba. 2005.

Sistema "Landtec" MR – Patentado Landtec S.R.L. 2001

The world's best for lightning protection. ING.EL.VA. Varese. Italia. 1982.

Valor de Resistencia de Puesta a Tierra y valor de Impedancia de electrodo dinámico. Acta de Medición y Ensayo FAMAF. UNC. 1998. LANDTEC S.R.L.

WARREN R. JONES: "BENTONITE RODS ASSURE GROUND ROD INSTALLATION IN PROBLEM SOILS, IEEE – T-PAS. VOL. PAS-99, No.4 JULY/AUG 1980, PP 1343- 1346"

Z.R. RADAKOVIC and M.B. KOSTIC "BEHAVIOUR OF GROUNDING LOOP WITH BENTONITE DURING A GRPUND FAULT AT AN OVERHEAD LINE TOWER., IEE PROC. GENER. TRANSM. DISTRIB, VOL. 148, No. 4, JULY 2001,pp. 275-278".

Ley General del Ambiente n° 25.675.

Ley de Residuos Peligrosos n° 20.051.

Analytical Expressions for the resistance of grounding systems. Schwarz. IEEE. 1954.

Calculation of resistances to ground. H. B. Dwight – IEEE. 1936.

www.ingramcontent.com/pod-product-compliance
Lightning Source LLC
Chambersburg PA
CBHW070535220526
45467CB00003B/957